Personal Brand Building In Workplace

個人職場
品牌打造術

八堂職場技能提升實務應用
8 application classes for skill improvement in workplace

認識易璁老師多年，他一直都是一位既聰明又非常努力學習的人，他將所學加上自己的職場經驗，用在他的專業——職涯輔導上面，很多年輕人接受過他的輔導，都能在職場上找到自己的方向，也能培養出面對職場所需的能力，在業界獲得相當多好評。

易璁老師在輔導學生及社會新鮮人作職涯規劃方面已深耕多年，對於現在職場上工作能力的需求及現在年輕人步入職場時所需具備的能力有充分瞭解。這本《個人職場品牌打造術：八堂職場技能提升實務應用》是易璁老師集結多年來的知識與經驗，將目前職場人才必備的能力——邏輯分析力、創意思考力、閱讀學習力、知識管理力、數位科技力、品牌行銷力、職涯規劃力及目標管理力等匯整在一起所淬鍊出來的精華寶典。

對於即將踏入職場的新鮮人，這是一本值得學習並培養能力的好書；對於已在職場打滾多年的人，隨時翻閱這本書，用來檢視自己的職場能力，並隨著世界潮流變化適時做調整，也是一本值得參考的好書。不管您現在處於職場的哪個階段，我都極力推薦大家來讀這本《個人職場品牌打造術：八堂職場技能提升實務應用》，祝福大家都能成為職場贏家。

筆記女王

Ada楓子芸

我本身是一位培訓師，在企業教授簡報表達技巧，與企業主管作課程需求訪談時，最常聽到主管抱怨部屬在簡報上犯的錯誤有三：① 資訊抓不到重點、② 表達缺乏邏輯、③ 答問時依據薄弱。而上課學員常問我：「主管常抱怨我簡報資訊太多，但資訊太精簡，他又說簡報缺乏重點，請問老師這種簡報該如何設計？」

從這個問題的根本原因來看，部屬需要改善的不是簡報設計能力，而是更底層的邏輯思考能力、資訊分析能力以及換位思考能力，而這些都是職場工作者必備的基本能力。現在的職場環境，已不單是勞力付出，更多是將我們腦中的知識與觀點做清楚傳達，而《個人職場品牌打造術：八堂職場技能提升實務應用》這本書就是在強化這些能力的百寶箱！為何稱它為百寶箱？首先、本書對於現今職場人士的工作能力有一個綜觀盤點，書中的八個能力分別有「原點、延伸、應用、依歸」，系統完整且相輔相成，讀者可以透過這幾個能力來檢視自己的強弱項，再做有計畫性地提升優化。第二、作者對於這八個能力都有簡易的理論說明，再搭配方法步驟的拆解，並透過實例讓讀者容易理解與操作。簡單的方法，才容易持續運用。而有系統的方法，則是讓你在操練一段時間之後，會發現這些設計是相互關連與彼此支持，能力的整體提升容易看到事半功倍的果效。

我常和易璁老師一同學習，他給我的印象是一位愛好學習、邏輯清楚的實踐派，初次看到這本書，就覺得這是他經年累月的實踐心得與完整知識分享，可以造福更多職場人士。相信透過這些方法的持續練習，您也可以工作上獲得更好的助力！

企業簡報培訓師

　　易璁老師是位具有資訊科技背景的培訓講師，剛開始認識他會覺得易璁羞澀內向不夠有趣。在學習場合中幾次互動後，邀請他擔任企業講師聯誼會的訓練組主委，他拿著做好資料，逐一跟我討論，我覺得這就是安靜的力量。很高興他把自己這些年再學習與應用的經驗，整理出來跟大家分享。

　　會翻開此書的你，相信是位熱愛學習的朋友，期望透過學習讓自己在工作中有更好的表現。只是在學習過程中，你是否也發現自己學習很多，但不知道如何運用所學，讓自己能夠透過學習變現。易璁老師在書中分享很多他自己使用九宮格與心智圖兩種筆記術，貫穿思考、知識、數位與行動四大面向。易璁老師《個人職場品牌打造術：八堂職場技能提升實務應用》新書跟我自己《煉筆記》的書籍有異曲同工之妙，用九宮格的八個面向思維，談如何提升自己的職場價值。

　　如果你對書中的四大面向相對不熟悉，建議你選擇你最想瞭解的篇章，進行閱讀與實踐。例如：我對知識篇特別感興趣。檢視自己過去「跟風學習」，買書、買課程的速度比消化應用還快速。然而，碎片化學習已勢不可擋，掌握自主學習的方法愈來愈重要。上學時，學校都會給你一張必修課程表；工作時，你需要為自己工作畫出一張自己職涯的「學習地圖」。學習地圖是一個指引，讓你從眾多訊息中，篩選出相關性的內容，找出能讓你工作加值的訊息，最後，在把自己工作外僅剩的寶貴時間，深入萃取知識體系，讓你更接近你期望的職位與生活。

如果你跟我一樣，對這樣的主題比較熟悉，換個角度閱讀這本書的素材。我是實踐閱讀篇的自主學習地圖法，以及行動篇進行幸福之輪與多樣技能的 100 天鍛鍊的受益者。我怎麼把知識篇與數位篇的內容連結起來，強化自己的品牌定位。在強化自己的專業價值時，要時常回到思考篇，結合自己的筆記框架，協助自己聚焦理論在工作現場的鍛鍊紀錄，不斷強化自己職場中最重要卻最不容易鍛鍊的邏輯分析與創意思考。

當你開始實踐書中所說，你就比昨天的自己更強大。

《煉筆記》作者

易璁老師是我心智圖法的同好,他有著工程師的邏輯內力,還有職涯顧問的豐富經驗,更有幫助別人成功的熱情,這樣的條件當老師,再適合也不過了。

學心智圖法,會有一個後遺症,就是會有邏輯強迫症,舉凡主題、架構、層次、關鍵字、甚至字句的對仗,都無法輕易的放過自己,看完易璁老師的著作,發現我們同病相憐,他對用字的要求及工整的對仗,遠遠在我之上,他除了心智圖法運用得純熟,九宮格也用得非常有深度,而其最深的內涵,更是中國易經寶典的展現。

我很喜歡看武俠小說,傳說只要學會九陽神功,從此任督二脈就會被打通,之後學任何武功都很快,且因為內力深厚,永遠都死不掉了,心智圖法就像是職場的九陽神功,有了心智圖法的內力,在職場想要輸都很難。而易璁老師不只會職場的九陽神功,他早已用這九陽神功,去學會乾坤大挪移,太極拳、如來神掌……,易璁老師起初給我的印象是內向寡言,想不到他竟有如此深厚的內力,舉凡他的邏輯分析力、創意思考力、閱讀學習力、知識管理力、數位科技力、品牌行銷力、職涯規劃力、目標管理力……翻閱書中力、力力皆驚奇、細細來品嚐、方能窮其理。

如果您想要在職場快速補充實力,更希望在職涯找到正確的發展定位,鄭重推薦您易璁老師這本著作《個人職場品牌打造術:八堂職場技能提升實務應用》!

太毅國際企業顧問暨講師
《一學就會!職場即戰力》作者

世界變化越來越快、複雜不確定性的 VUCA 時代已經來臨，不管是不是在職場，還是自由工作者，能夠掌握趨勢變化、幫助解決問題、快速創新個人價值的工作力，越早修練完成越好。

易璁老師是工科出身，擁有工科人的邏輯思維能力，對於東方的九宮格思考和西方的心智圖法有長期的投入與教學分享，身為資訊人，他也經常運用知識管理和數位科技力，耐心指導許多學員和學習夥伴，成為眾人口中的數位專家。

更令人稱道的是，易璁老師多年來在，大專院校和職涯顧問公司擔任一對一的職涯諮詢，協助許多徘徊在職場十字路口的年輕人，找到屬於自己的職涯方向，真的是不折不扣的職涯推手。

我們在實踐「讀、行、幫」精神的過程中，做過開人礦教練 100 計畫、Enjoy 九宮格講師班專業教練 100 計畫、易經教練班 100 計畫、喝過無數次教練咖啡與課程分享，易璁老師總是能以他數位及職涯教練的專業，提出很有系統、幫助更多人變得更好的方法與系統規劃。

《個人職場品牌打造術：八堂職場技能提升實務應用》一書，易璁老師為大家提供了「思考、知識、數位、行動」的四大面向，再延伸出八大主題、六十四種實用又有效的不敗招式，讓大家在生活、職場都可以生龍活虎的大展身手，只要熟練這些招式，相信必能獨占鰲頭，不只贏在工作力、提升個人價值、更能闖出與眾不同的一片天！

讀行幫閱讀推廣協會理事長

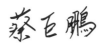

VUCA 時代來臨，加上 Covid-19 後疫情的影響，不論是一般上班族、斜槓工作者、自由工作者、微型創業家，每個人的身上需要愈來愈多的能力，才能處理工作上跟生活上各式各樣的需求。

近幾年來，個人從事授課講師與職涯顧問工作；在講師方面，主要授課內容是「思維邏輯，資訊科技，職涯規劃」相關主題；在職涯顧問方面，在一對一職涯諮詢輔導過程當中，協助職涯迷惘的朋友釐清與梳理自己。期待藉由《個人職場品牌打造術：八堂職場技能提升實務應用》這一本書的分享，發揮更大的影響力，陪伴更多人。

日本棒球選手大谷翔平，高一的時候，他使用曼陀羅九宮格，規劃了他的未來志向「八個球隊第一指名」當中的八個子目標跟六十四個訓練事項；二十三歲的時候，他開始進入美國職棒大聯盟打棒球，因為會投球又會打擊，因此被大家稱為「二刀流」。《個人職場品牌打造術：八堂職場技能提升實務應用》一書結合曼陀羅九宮格的理論架構，總共分為「邏輯分析力、創意思考力、閱讀學習力、知識管理力、數位科技力、品牌行銷力、職涯規劃力、目標管理力」八種工作能力，六十四個子主題。

期待書中的八種工作能力，六十四個子主題，可以協助讀者充實職場技能以及增加職涯知識，進而提升個人市場價值；另外，除了提升個人工作能力以及勝任工作職務之外，期盼也能幫助企業獲利成長。

林易璁

CONTENTS ·目錄·

CHAPTER 05

數位科技力
DIGITAL TECHNOLOGY

◆

CHAPTER 06

品牌行銷力
BRAND MARKETING

◆

CHAPTER 1

邏輯分析力

LOGICAL ANALYSIS

九宮來源說分明

THE ORIGIN OF JIUGONGGE THINKING METHOD

Section 1 　九宮格洛書來源

　　曼陀羅九宮格的起源來自於洛書九宮格，相傳龍龜背上的龜紋就是九宮格上面的數字，因此洛書又稱為龜書。河圖跟洛書是中華文化的起源，伏羲根據河圖跟洛書畫成八卦[1]，周文王又依據伏羲的八卦演繹變成文王八卦和周易六十四卦；所以河圖與洛書跟易經的起源十分緊密相關。不論是在易經、中醫、姓名學、八字學、風水學當中，都有結合陰陽五行，以及應用到河圖與洛書的哲學理論。

　　洛書九宮格當中的數字，在記憶時有個流傳的口訣：「九宮者，即二四為肩，六八為足，左三右七，戴九履一，五居中央。」不管是兩個對角線（四、五、六，二、五、八），三個直欄（四、三、八，九、五、一，二、七、六），三個橫列（四、九、二，三、五、七，八、一、六），三個數字相加的結果都是十五。

4	9	2
3	5	7
8	1	6

洛書九宮格

九宮格四大技巧

　　曼陀羅九宮格思考法是一種思考的框架，我們可以用填寫在九宮格正中央的中心主題去做系統性思考。曼陀羅九宮格在發想思考內容時有四個技巧，分別是自由書寫、關鍵字詞、盡量填滿、事後重整。

　　自由書寫：發想的時候，我們腦中有什麼想法，就把它書寫下來，不用思考對錯、可行性跟可能性。

　　關鍵字詞：思考的時候，只要在格子內，寫上重要關鍵字即可，根據關鍵字，我們就知道相關內容。

　　盡量填滿：填寫的時候，我們可以把外面八格內容盡量填滿，沒有想法可寫時，暫停休息一下再寫。

　　事後重整：統整的時候，我們常常都在有靈感的時候書寫，完成之後，我們可以重新再整理一次。

九宮格相關應用

　　曼陀羅九宮格思考法可以運用在創意企劃、文章寫作、問題解決、目標設定、協調交流等相關方面。

問題解決
目標設定
文章寫作
曼陀羅九宮格
協調交流
創意企劃

創意企劃

透過發散式思考跟二階九宮格思考架構，可以創造出獨一無二的創意來源。

文章寫作

透過九個面向的提問，每個提問寫出兩百字內容，就可以產出個人的文章。

問題解決

運用便利貼思考確認問題，再來問題拆解、根本原因分析，一步一步解決問題。

目標設定

可在每年年底思考年度計畫，或在週日晚上規劃每週計畫，設定未來目標。

協調交流

將討論過程逐一文字化，再來區分八個面向，協調討論每個面向的重點內容。

我們可以運用曼陀羅九宮格思考法在我們工作上、生活上跟學習上，讓我們思考更有邏輯脈絡、架構更清晰條理。

註1：八卦為後天八卦圖與洛書九宮數結合，內容為一坎卦、二坤卦、三震卦、四巽卦、五中宮、六乾卦、七兌卦、八艮卦、九離卦。

發散順時雙思考

DIVERGENT THINKING AND CLOCKWISE THINKING

曼陀羅九宮格思考法它有兩種思考的方法：第一種是發散式思考，是屬於水平創意思考；第二種是順時針思考，是屬於垂直邏輯思考。山口拓朗的《文章寫得又快又好，九宮格寫作術》一書當中提到了：「人的大腦有看到有格子就想要填滿的天性」。我們可以藉由發散式思考跟順時針思考這兩種思考架構，來發想工作上跟生活上的各類問題。

Section 1　　**發散式思考步驟**

以發散狀思考來講的話，總共有三個步驟。

01　　畫一個三乘三的九宮格。

	主題	

STEP 02 在正中間寫上我們要思考的主題。

關鍵字 7	關鍵字 1	關鍵字 4
關鍵字 2	主題	關鍵字 6
關鍵字 5	關鍵字 3	關鍵字 8

STEP 03 在外面的八格,任意將我們要發想的關鍵字內容填在裡面。

比如以買手機為例子,正中間就寫上手機,而我們在買手機時會想到什麼內容呢?第一類可能是手機品牌,例如:HTC、iPhone、三星等廠牌;第二類可能是手機配件,例如:手機皮套、行動電源、自拍棒等配件;第三類可能是手機作業系統,例如:iOS、Andorid兩種作業系統。我們把這些聯想寫在外面的八格裡面。

發散式思考範例

如果我們想要更深入思考，可以運用九乘九的二階九宮格，我們會在「1-3：二階架構好應用」（P.24）當中說明。

Section 2　順時針思考步驟

以順時針思考來講的話，總共有三個步驟。

STEP
01　畫一個三乘三的九宮格。

STEP
02　在正中間寫上我們想要思考的主題。

STEP
03　在外面的八格，從左上角這一格，順時針按照順序逐一寫完八個內容。

這種順時針思考方式，可以運用在有順序、有步驟的思考當中。為什麼由左上角開始填寫呢？是因為人的眼睛，會從左邊看到右邊，從上面看到下面的 Z 字型觀看。

比如我們以規劃國外自助旅行為例，會有以下八個發想步驟：

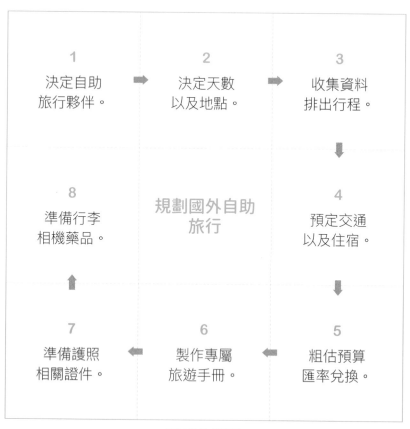

順時針思考範例

以下步驟圖，灰底為操作時的填寫順序。

決定自助旅行夥伴。

我們可能會找親朋好友跟我們一同出國自助旅行。

決定天數以及地點。

跟同伴討論要出國的地點跟天數,以便提早請假。

收集資料排出行程。

上網收集前往地點的旅遊資料,安排每一天的行程。

預定交通以及住宿。

前往不同城市,確認交通方案,安排每一天的住宿。

STEP
05

粗估預算匯率兌換。

粗估每天交通住宿各項花費，依照匯率兌換現金。

STEP
06

製作專屬旅遊手冊。

依照每天景點製作旅遊手冊，盡興遊玩每個景點。

STEP
07

準備護照相關證件。

檢查護照，確認是否須更新，準備相關出國證件。

STEP
08

準備行李相機藥品。

查詢氣象、準備行李、藥品、相機及手機周邊配件。

- 1 - **決定自助旅行夥伴。** 我們可能會找親朋好友跟我們一同出國自助旅行。	**- 2 -** **決定天數以及地點。** 跟同伴討論要出國的地點跟天數,以便提早請假。	**- 3 -** **收集資料排出行程。** 上網收集前往地點的旅遊資料,安排每一天的行程。
- 8 - **準備行李相機藥品。** 查詢氣象、準備行李、藥品、相機及手機周邊配件。	規劃國外 自助旅行	**- 4 -** **預定交通以及住宿。** 前往不同城市,確認交通方案,安排每一天的住宿。
- 7 - **準備護照相關證件。** 檢查護照,確認是否需更新,準備相關出國證件。	**- 6 -** **製作專屬旅遊手冊。** 依照每天景點製作旅遊手冊,盡興遊玩每個景點。	**- 5 -** **粗估預算匯率兌換。** 粗估每天交通住宿各項花費,依照匯率兌換現金。

順時針思考完成圖

藉由順時針思考,就能完成國外自助旅行相關思考,規劃跟準備。

邏輯分析力 LOGICAL ANALYSIS

二階架構好應用

APPLICATION OF SECOND-ORDER ARCHITECTURE

在前面「1-2：發散順時雙思考」（P.17）中，我們分享了曼陀羅九宮格有發散式思考跟順時針思考兩種思考方式，而我們思考的方式是使用三乘三的一階九宮格作為思考模組。如果我們想思考更多內容的話，我們可以畫一個九乘九的九宮格作為思考模組，我們把它稱為兩階層式的發散式思考架構，參考「STEP5 二階九宮格」（P.27）會有六十四個思考節點。

Section 1 　**九宮格二階架構**

二階九宮格當中的中心九宮格，跟前一節發散式思考的步驟是相同的。

1	2	3
8	主題	4
7	6	5

二階九宮格的中央九宮格

01 畫一個九乘九的九宮格。

02 在正中間九宮格的中央寫上我們要思考的主題。

小主題 1	小主題 2	小主題 3
小主題 8	主題	小主題 4
小主題 7	小主題 6	小主題 5

03 在外面的八格,把我們要發想的一些小主題內容填在裡面,總共有八個小主題。

接下來，針對外面八個九宮格繼續做第二次思考。

1-1	1-2	1-3	2-1	2-2	2-3	3-1	3-2	3-3
1-8	1	1-4	2-8	2	2-4	3-8	3	3-4
1-7	1-6	1-5	2-7	2-6	2-5	3-7	3-6	3-5
8-1	8-2	8-3	1	2	3	4-1	4-2	4-3
8-8	8	8-4	8	主題	4	4-8	4	4-4
8-7	8-6	8-5	7	6	5	4-7	4-6	4-5
7-1	7-2	7-3	6-1	6-2	6-3	5-1	5-2	5-3
7-8	7	7-4	6-8	6	6-4	5-8	5	5-4
7-7	7-6	7-5	6-7	6-6	6-5	5-7	5-6	5-5

二階九宮格完成圖

STEP
04

將中心九宮格外的八個小主題，分別寫到外面八個九宮格的正中央。

1-1	1-2	1-3	2-1	2-2	2-3	3-1	3-2	3-3
1-8	1	1-4	2-8	2	2-4	3-8	3	3-4
1-7	1-6	1-5	2-7	2-6	2-5	3-7	3-6	3-5
8-1	8-2	8-3	1	2	3	4-1	4-2	4-3
8-8	8	8-4	8	主題	4	4-8	4	4-4
8-7	8-6	8-5	7	6	5	4-7	4-6	4-5
7-1	7-2	7-3	6-1	6-2	6-3	5-1	5-2	5-3
7-8	7	7-4	6-8	6	6-4	5-8	5	5-4
7-7	7-6	7-5	6-7	6-6	6-5	5-7	5-6	5-5

外面八個九宮格，分別根據中心小主題，再做一次發散式思考。

Section 2　　**九宮格案例說明**

例如：我們想要做環島旅遊，由台北逆時針開車往南出發，我們可以在台灣選八個景點旅行，這個就是順時針的思考方式，例如八個景點分別是：台北、新竹、台中、台南、高雄、台東、花蓮、宜蘭。

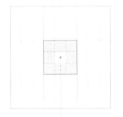

台北	新竹	台中
宜蘭	環島旅遊	台南
花蓮	台東	高雄

把九宮格正中間思考完成的八格內容，分別寫到外部八個九宮格的正中間。

根據這八個縣市分別再進行一次發散式思考（圖1）。例如，花蓮想要去的景點分別是：七星潭、四八高地、北濱公園、賞鯨碼頭、鐵道文化園區、楓林步道、勝安宮、吉安慶修院。透過曼陀羅九宮格二階思考法，就會有八個縣市，六十四個景點可以進行環島遊行，再根據每個景點的位置安排最佳行車路線，以及安排住宿地點，這樣就會是一個豐富的環島旅遊行程。

環島旅遊二階九宮格（圖1）

　　另外，假如你的身分是公司的福委會成員，正在與福委會的團隊夥伴思考，今年要如何幫公司同仁舉辦國內自助旅行。你可以運用 6W2H 搭配二階九宮格一起提問及思考，發想出最適合同仁的自助旅行方案。有關 6W2H 內容說明如下：

目的理由：Why。　　　　　日期時間：When。

內容主題：What。　　　　　地點空間：Where。

主辦負責：Who。　　　　　執行方案：How。

方法途徑：Which。　　　　經費預算：How much。

九宮思考套模板
TEMPLATES FOR JIUGONGGE THINKING METHOD

　　我們平常操作的電腦是使用二進制演算法，也就是 0 跟 1 的運算，文王八卦從兩儀：陰 0、陽 1，到四象：太陰 00、少陰 01、少陽 10、太陽 11，到八卦：坤 000、艮 001、坎 010、巽 011、震 100、離 101、兌 110、乾 111 都是二進制演算法的衍生。除了前面介紹的三乘三九宮格跟九乘九二階九宮格思考架構之外，在這一節會繼續分享其他的三乘三思考模板。

Section 1　二儀法思考模板

　說明

為把中心主題寫在九宮格的中間，運用外面的八格空格，四格為一組，分為兩組做主題思考。

　案例

年底時，根據過去一年績效，規劃明年行動方案。第一組：公司過去四季財報成果；第二組：公司未來四季業務規劃。

二儀法思考模板

三才[2]法思考模板

說明

在九宮格當中以橫列每三小格為一組，分為三組做主題思考。

案例

黃金圈理論當中 Why、How、What 三大面向思考。

Why	Why	Why
How	How	How
What	What	What

三才法思考模板

四象法思考模板

說明

為把中心主題寫在九宮格的中間，運用外圍的八格空格，兩格為一組，分為四組做主題思考。每一組會有兩格，這時候，我們在發想中心主題時，可以用問題現況跟解決方案兩兩一組配對，進行思考。

Q1	A1	Q2
A4	主題	A2
Q4	A3	Q3

四象法思考模板

案例

拆解產線良率不佳根本原因分析，根據 80/20 法則，找出產線造成良率不佳的前四大問題，並提出解決方案。

五行[3]法思考模板

說明

為運用中心主題那一格加入九宮格上、下、左、右四格，進行主題思考。

案例

波特的五力分析中五個分析因素，產業裡的既有競爭者、產業裡的新進業者、供應商的議價能力、顧客的議價能力、替代產品的威脅。

	新進業者	
供應商議價	既有競爭者	顧客議價
	替代品威脅	

五行法思考模板

六合[4]法思考模板

說明

為運用九宮格上三格跟下三格，進行主題思考。

案例

六頂思考帽：白色思考帽、紅色思考帽、黃色思考帽、黑色思考帽、綠色思考帽、藍色思考帽。

白色思考帽 中立	黃色思考帽 樂觀	綠色思考帽 創意
	六頂思考帽	
紅色思考帽 直覺	黑色思考帽 謹慎	藍色思考帽 指揮

六合法思考模板

八卦法思考模板

為把中心主題寫在九宮格的中間，運用外圍的八格空格做主題思考。八卦三重點法就是將思考完的內容，整理成八大面向，每一個面向整理出三個重點說明。

週一	週二	週三
反思	每週計畫	週四
週日	週六	週五

八卦法思考模板

案例

每週計畫七天與反思：週一、週二、週三、週四、週五、週六、週日、反思。

九宮法思考模板

說明

為運用九宮格的每一格做主題思考。

案例

個人商業模式的九個主題：目標客層、價值主張、通路、顧客關係、收益流、關鍵資源、關鍵活動、關鍵合作夥伴、成本結構。

目標客層	價值主張	通路
顧客關係	收益流	關鍵資源
關鍵活動	關鍵合作夥伴	成本結構

九宮法思考模板

註 2：三才為天、地、人。
註 3：五行為金、木、水、火、土。
註 4：六合為東、西、南、北、天、地。

彼此獨立不遺漏

MUTUALLY EXCLUSIVE AND COLLECTIVELY EXHAUSTIVE

Section 1　彼此獨立無遺漏

MECE 是麥肯錫（McKinsey）顧問公司的邏輯分類技術，他的原文是「Mutually Exclusive, Collectively Exhaustive.」它的意涵是「彼此獨立，互無遺漏。」而它的唸法是 MeSee。

舉個例子來說，全世界分為七大洲，包括亞洲（全稱亞細亞洲）、歐洲（全稱歐羅巴洲）、北美洲（全稱北亞美利加洲）、南美洲（全稱南亞美利加洲）、非洲（全稱阿非利加洲）、大洋洲、南極洲。

彼此獨立

這七個洲彼此獨立，不會有一個地址，同時屬於兩個洲。

互無遺漏

這七個洲共同組成全世界，如果少一個洲就不是全世界。

除了上述的空間架構分類外，常見的分類還有時間順序、既有流程、數字區間等分類規則。

空間架構

例如：亞洲、歐洲、非洲、北美洲、南美洲、大洋洲、南極洲等七大洲；位置方位的東方、南方、西方、北方等。

時間順序

例如：一年有春季、夏季、秋季、冬季四個季節；1 月到 12 月共十二個月分；農夫關心的 24 節氣等。

既有流程

例如：生病需要看醫生時，會前往醫院看診。首先掛號繳費，然後到診間看診，完成後到藥局領藥。

數字區間

例如：填問卷時會勾選小於 20 歲、21～30 歲、31～40 歲、41～50 歲、51～60 歲、60 歲以上的數字區間。

Section 2 　**同一位階同邏輯**

　　全世界有七大洲、五大洋。七大洲即亞洲、歐洲、北美洲、南美洲、非洲、大洋洲、南極洲。五大洋即太平洋、大西洋、印度洋、北冰洋和南冰洋。南美洲有巴西、哥倫比亞、阿根廷、秘魯、委內瑞拉、智利、厄瓜多、玻利維亞、烏拉圭、巴拉圭、蓋亞那、蘇利南……等國家。

　　繼續使用空間架構分類來作說明，全世界的位階下面有洲，洲下面有國家，洲是同一位階，國家是同一位階，同一個位階

會是同一個分類邏輯，我們不會把非洲跟南非分類在同一位階，而是把南非放在非洲之下。

　　此外，我們大腦記憶分為感官記憶、短期記憶、長期記憶，其中短期記憶的容量是七 ± 二個項目，因此建議我們在邏輯分類時，同一位階資料盡量少於七個內容，以方便大腦分段連結、分段吸收、分段記憶；例如，我們的手機號碼有十個數字，記憶時，我們會拆解為四碼、三碼、三碼記憶。此外，七加二等於九，所以九宮格的資料，剛好符合短期記憶的最大數量。

邏輯思維金字塔
PYRAMID OF LOGIC THINKING

Section 1　**邏輯思維金字塔**

　　使用系統化思考[5] 解決問題的過程及方法，稱為思維；而金字塔結構就是一種系統化思考跟問題分析的工具。金字塔結構符合「1-5：彼此獨立不遺漏」（P.34）中提到的彼此獨立、互無遺漏及同一位階、同一邏輯的原則；金字塔結構可以分為由上往下跟由下往上兩種思考方法；透過由上往下法，表達有「觀點」跟「資料」可以佐證；透過由下往上法，思考有「邏輯」跟「架構」可以統整。

　　金字塔結構的三層結構包括了目的主張、論述觀點、證據資料。

　　目的主張：說明此次要表達說明的目的與主張。

　　論述觀點：闡述目的主張不同面向的論述觀點。

　　證據資料：提供相對應證據資料支持論述觀點。

一點構成一個點、二點構成一條線、三點構成一個面，黃金三點法可以讓你在陳述意見的時候，思路更加清晰，更加有邏輯性。

　空間架構：例如上面、中間、下面，或是北部、中部、南部。

　時間順序：例如過去、現在、未來，或是早上、下午、晚上。

　既有流程：例如首先、其次、最後，或是前菜、主菜、甜點。

　數字區間：例如第一、第二、第三。

　　根據黃金三點法，在金字塔論述觀點部分，可以根據正面觀點、反面觀點、獨特觀點來做論述。

　正面論述觀點：由正面觀點針對目的主題做闡述說明。

　反面論述觀點：由正面觀點的反向角度思考闡述說明。

　獨特論述觀點：由個人經歷帶出獨特的想法闡述說明。

　　透過多重假設跟資料驗證闡述、論述觀點，透過不同面向觀點歸納目的主張，完成金字塔結構的三層結構。

Section 2　金字塔實作方法

　　在實作金字塔結構時，可以運用下面兩種方式實作，包括便利貼法、九宮格法。

Cloumn. 1　便利貼法

　　可以準備三種顏色以上的便利貼做實作，目的主張、論述觀點、證據資料可以使用不同顏色便利貼，以方便貼在牆上辨識，以及討論。

以由上往下法為例：針對主題思考訂定模組架構，例如 SWOT、五力分析，再針對模組架構進行內容發想。

以由下往上法為例：針對主題進行討論，使用便利貼發想各種想法，再用 MECE 原則做分類，成為論述觀點。

Cloumn. 2 九宮格法

根據「1-4：九宮思考套模版」（P.30）中的說明，使用相對應數值模版進行思考與討論，例如：三個觀點可以使用三才法思考模板。

以由上往下法為例：針對中心主題，訂定三到八個思考架構，例如 6W2H，再根據思考架構進行內容發想。

以由下往上法為例：針對中心主題，先使用便利貼發想，再來最多分為八個類別，每個類別留下三個重點。

在做金字塔結構思考時，便利貼法可以跟九宮格思考法同時使用，在思考歸納邏輯推演時，會更加方便跟有系統架構。

註 5：系統化思考，是以整體、動態去思考問題的思維模式，是複雜動態系統中「化繁為簡」的智慧。 提升系統思考的能力，才能克服思考盲點， 面對複雜性的挑戰，進而澈底解決問題。

企劃提案有策略
STRATEGY OF PROPOSAL PLANNING

Section 1　**企劃提案有步驟**

　　行銷企劃是針對未來要完成的目標,以及相關的需求和方法做出規劃。企劃書可提供明確的目標、需求、方法及計畫說明,以確保提案的必要性跟可行性。在執行計畫之前,首先要進行外在分析、目標評估、優勢盤點、策略規劃等相關內容規劃。

外在分析

分析外在環境的影響,例如:政治、經濟、社會、技術等各個面向。

目標評估

根據不同面向區隔市場,選擇要進入的目標市場,並做好市場定位。

優勢盤點

盤點出公司的優勢、對手的弱勢、客戶的需求,三者的交集的商品。

策略規劃

規劃主力商品、銷售通路服務、定調商品價格、促銷活動規劃。

企劃分析有策略

外在分析

　　企劃提案可以運用 PEST 外部環境分析。PEST 包含了總體環境當中的四種因素：政治（Political）、經濟（Economic）、社會（Social）、科技（Technological）。

政治方面

可以分析法令條文、產業政策、環境保護法等面向。

經濟方面

可以分析可支配收入、居民消費傾向、通貨膨脹率等面向。

社會方面

可以分析人口結構比例、人均收入、購買習慣等面向。

科技方面

可以分析科技開發支持重點、科技研究技術轉移、專利及其保護情況等面向。

政治分析 法令條文 產業政策 環境保護法	政治策略	經濟分析 可支配收入 居民消費傾向 通貨膨脹率
科技策略	PEST	經濟策略
科技分析 科技開發支持重點 科技研究技術轉移 專利及其保護情況	社會策略	社會分析 人口結構比例 人均收入 購買習慣

PEST 分析

Cloumn. 2 目標評估

企劃提案可以運用 STP 市場區隔理論。STP 包含了市場區隔的三個步驟：市場區隔（Segmentation）、目標市場（Targeting）、市場定位（Positioning）。

STP 市場區隔分析當中，我們可以針對性別、年齡、職業、收入、宗教、語言、婚姻、住房等幾個面向，來做市場區隔及訂定目標市場。

	年齡	
性別 男性、女性	11 ～ 20、21 ～ 30、31 ～ 40、41 ～ 50、51 ～ 60、61 以上	**職業** 服務業、自由業、製造業、農漁業
住房 10 坪以下、10 ～ 20 坪、20 ～ 30 坪、30 ～ 40 坪、40 坪以上	STP	**收入** 20～40k、40～60k、60～80k、80～100k、100～120k、120k 以上
婚姻 未婚、已婚、離婚	**語言** 國語、英語、日文	**宗教** 佛教、道教、基督教

STP 分析

| Cloumn. 3 | 優勢盤點

　　企劃提案可以運用 3C 競爭分析法。3C 包含了制定策略的三個要角：公司顧客（Customer）、企業本身（Company）、競爭對手（Competitor）。

　　3C 競爭分析中，我們可以針對企業本身跟競爭對手商品進行分析，找出該商品是公司的強項，對手的弱項，並且可以滿足顧客確切的需求。

公司強項 對手強項	公司強項 對手中項	公司強項 對手弱項
公司中項 對手強項	公司中項 對手中項	公司中項 對手弱項
公司弱項 對手強項	公司弱項 對手中項	公司弱項 對手弱項

3C 分析

策略規劃

　　企劃提案可以運用 4P 行銷理論。4P 包含了行銷關鍵的四個要素：產品（Product）、價格（Price）、通路（Place）、促銷（Promotion）。

產品方面：可以分析產品規格、商品優勢、售後服務等面向。

價格方面：可以分析批發價格、零售價格、促銷價格等面向。

通路方面：可以分析直營商店、加盟經銷、電商平台等面向。

促銷方面：可以分析會員制度、促銷時機、折扣方式等面向。

產品分析 產品規格 商品優勢 售後服務	產品 策略	**價格分析** 批發價格 零售價格 促銷價格
促銷 策略	4P	價格 策略
促銷分析 會員制度 促銷時機 折扣方式	通路 策略	**通路分析** 直營商店 加盟經銷 電商平台

4P 分析

邏輯分析力 LOGICAL ANALYSIS

六頂魔法思考帽

SIX MAGIC THINKING HATS

| Section 1 | **六頂魔法思考帽** |

　　國際創造思考研究中心的創辦人，也是水平思考的創造者愛德華‧狄波諾（Edward de Bono）提出了六頂思考帽（Six Thinking Hats）的思維架構，透過六個面向的聚焦及溝通，互相補足不同角度的思考方式。六頂思考帽的顏色分別用白色、紅色、黃色、黑色、綠色、藍色六種顏色區別不同角度的思考方式。

　　白色思考帽──客觀、中立：白色思考帽是一頂收集訊息、分析數據的「資料帽」。

　　紅色思考帽──直覺、情緒：紅色思考帽是一頂表達情感、抒發情緒的「情感帽」。

　　黃色思考帽──正面、積極：黃色思考帽是一頂積極樂觀、尋找機會的「樂觀帽」。

　　黑色思考帽──負面、謹慎：黑色思考帽是一頂找出風險、發現問題的「謹慎帽」。

　　綠色思考帽──創意、替代：綠色思考帽是一頂變化多樣、多元角度的「創意帽」。

　　藍色思考帽──控制、指揮：藍色思考帽是一頂綜觀全局、組織規劃的「指揮帽」。

記住色彩代表的意義，就能記住帽子的功能，我們可以把六頂帽子分類為三組：白帽與紅帽，黑帽與黃帽，綠帽與藍帽。實際運用六頂思考帽應用的帽子順序，建議如下：白帽、綠帽、黃帽、黑帽、紅帽、藍帽。

　　白帽：陳述目前問題資訊與事實。
　　綠帽：發想如何解決問題的建議。
　　黃帽：正面評估各項建議的優點。
　　黑帽：謹慎評估各項建議的缺點。
　　紅帽：對各項方案進行直覺判斷。
　　藍帽：總結陳述選出可行的方案。

　　運用六頂思考帽思考不同議題時，會運用不同順序的帽子來做思考；但是，一次只會帶上一頂思考帽、使用一種思考模式，不會限制思考的時間，當一頂思考帽思考完成之後，再換戴上另一頂思考帽思考。

　　思考帽的順序不同，效果也會不同，六頂思考帽可以不必全部用上，有時候會用藍帽當作整個思考過程的開始跟結束，作為流程訂定與討論總結。例如：

　　確定解決方案時，先後順序為藍帽制定流程、白帽客觀說明、黑帽找出問題、綠帽創意發想、藍帽規劃統整。

　　尋找新的想法時，先後順序為藍帽思考控制全局、綠帽開發新想法、紅帽表達真實感受、藍帽指揮統整決策。

六頂帽配九宮格

六頂思考帽可以搭配曼陀羅九宮格一起使用。

白色思考帽 中立	**黃色思考帽** 樂觀	**綠色思考帽** 創意
問題	六頂 思考帽	結論
紅色思考帽 直覺	**黑色思考帽** 謹慎	**藍色思考帽** 指揮

六頂思考帽九宮格應用

根據「1-4：九宮思考套模板」（**P.30**）中的說明，透過九宮格模板讓思考更有架構性。思考步驟分為下面三個步驟。

問題		

STEP **01**

問題：

提出此次要討論的問題說明。

白色思考帽 中立	黃色思考帽 樂觀	綠色思考帽 創意
問題	六頂思考帽	
紅色思考帽 直覺	黑色思考帽 謹慎	藍色思考帽 指揮

STEP **02**

思考：

運用六頂思考帽做發想討論。

白色思考帽 中立	黃色思考帽 樂觀	綠色思考帽 創意
問題	六頂思考帽	結論
紅色思考帽 直覺	黑色思考帽 謹慎	藍色思考帽 指揮

STEP **03**

結論：

根據討論結果做出行動結論。

創意思考力

CREATIVE THINKING

心智圖法聊來源

THE ORIGIN OF MIND MAPPING

　　我們在「第一章：邏輯分析力」分享了曼陀羅九宮格思考法，接下來「第二章：創意思考力」，我們會分享心智圖法的相關運用。

　　心智圖法又稱為思維導圖，是由英國人東尼‧博贊（Tony Buzan）受到了語言學（linguistics）當中一般語意學（General Semantics）的影響，在七零年代所提出來心智圖法的一整套思考工具，心智圖法同時運用到了左腦跟右腦的心智能力。微軟的共同創辦人比爾‧蓋茲（Bill Gates）跟提出正負二度 C 的美國第四十五任副總統艾爾‧高爾（Al Gore）兩個人都會在工作上面運用心智圖法。

Section 1　心智圖法好應用

　　心智圖法它可以應用在學習方面、生活方面、工作方面。

學習方面：例如，我們閱讀完一本書之後，我們可以把書本中的重點整理成心智圖；或是我們聽完一場演講之後，我們可以把演講當中的重點整理成一張心智圖，以供未來複習使用；或是考試之前，把每一個章節的重點整理成一張心智圖，以方便考前預習衝刺。

生活方面：例如，到了年底的時候，我們可以運用心智圖來做下一個年度的年度計畫。生活上有些問題需要思考，就可以參考

「2-3：雙值分析做抉擇」（P.57）的說明，運用雙值分析來做評估。

工作方面：週日晚上，我們可以把一週的代辦事項整理出來之後，把它畫在心智圖上面。另外，我們也可以運用心智圖來製作一天的工作計畫，例如，把心智圖的主幹用一個小時來做區分，早上九點到下午六點的工作時間就有八個主幹，將八個小時裡面的待辦事項畫進去心智圖，這樣就可以運用在工作上。

Section 2 **應用程式不可少**

心智圖除了手繪之外，我們也可以下載應用程式繪製心智圖，下面介紹幾款好用的心智圖軟體工具。

XMind 官方網站

XMind：開源軟體的心智圖軟體，有 Windows 跟 Mac 兩種版本，繪製完成後，檔案可以轉檔匯出到 Evernote 當中。

MindManager
官方網站

MindManager：它的匯出功能可以直接轉換到 Word，在做知識管理跟論文寫作的時候，是很好的工具。

MindMeister
官方網站

MindMeister：用 Google 帳號登入 MindMeister 網站之後，就可以繪製第一張心智圖，不需要下載應用程式。

Coggle官方網站

Coggle：用 Google 帳號登入 Coggle 就可以使用，可與同事一起協同運作繪製，完成後，可下載轉成 PDF 或是圖檔。

創意思考力 CREATIVE THINKING

心智圖法四核心

FOUR FEATURES IN MIND MAPPING

　　心智圖從正中間的中心主題往外看,它就像從天空上看一棵樹一樣,有主幹跟枝幹,不斷的往外伸展。正中間是中心主題,中心主題外圍第一圈內容稱為主幹,第二圈內容往外的都稱為枝幹。

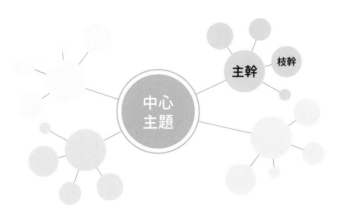

Section 1 　**四核心介紹**

　　心智圖法有四大核心,這四個核心分別是關鍵字、放射狀思考、色彩、圖像。這四大核心當中:關鍵字跟放射狀思考屬於左腦的心智能力,色彩跟圖像屬於右腦的心智能力。心智圖法可以同時運用到左腦跟右腦的心智能力。

	關鍵字	關鍵字的功能是讓人一看就懂，去除掉文章當中不需要的內容，只留下關鍵的名詞跟動詞。呈現的文字內容雖然很簡單，但是不會遺漏文章的意涵。在寫字時，要寫在分支的上方，由左到右書寫方便閱讀。
左腦	放射狀思考	心智圖法把主題放在正中心，然後用放射狀的結構往外延伸；如果把中心主題想像成樹幹的話，放射狀思考所延伸出去的內容就是主幹跟枝幹。
右腦	色彩	色彩有兩個含義，第一個是要區別每一個主幹的內容，讓每個主幹能更容易閱讀。第二個是可以表達內心的感受，例如紅色代表熱情、黃色代表正向、黑色代表謹慎。我們在畫主幹時，可以善用冷色系跟暖色系的顏色來區分兩個主幹。
	圖像	圖像的目的，是用來加強重點，而繪製圖像時，需要圖文相符，畫圖時，要畫在分支線的上方。畫圖時，可以透過右腦的圖像思考增加記憶力。

Section 2　**六字口訣好上手**

　　我把心智圖的繪製流程，整理成六個步驟，分別是指、點、順、延、圖、鑑六字口訣。

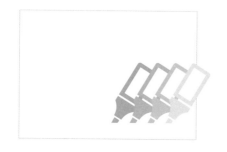

指：空白「紙」多色筆。

由於人類眼睛的構造，左右的視角會比上下的視角看的範圍大。所以我們會將 A4 白紙橫放，使用四色原子筆或十二色彩色筆繪製心智圖。

中心點寫主題

點：中心「點」寫主題。

開始繪製心智圖時，把中心主題畫在 A4 白紙正中間的區域，大約是九宮格正中間格子大小，中心主題除了文字之外，更希望加入圖像引人入勝、增加記憶。

順時針畫主幹

順：「順」時針畫主幹。

想像總共會有幾個主幹，從一點鐘方向，寫上第一個主幹關鍵字，並在文字下方畫上主幹分支，主幹開頭會直接連到中心主題，主幹曲線跟樹枝曲線一樣由內到外、由粗到細。

延：放射狀往外「延」。

在主幹後方，寫上枝幹關鍵字，在文字下方畫出相對應的枝幹，並保留需要畫圖的空間。每個主幹繪製時，會換另外一個顏色的彩色筆上色。重複順、延兩個步驟，順時針把所有主幹與枝幹畫完。

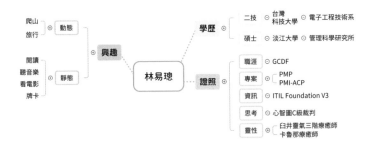

放射狀往外延

圖：記憶點畫「圖」像。

在需要加強重點記憶的部分畫圖，增加記憶的連結點，畫圖時需要圖文相符。中心主題的圖像在繪製時，建議最少有三個色調的顏色。

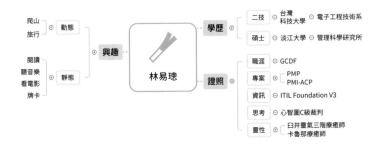

記憶點畫圖像

鑑：蜘蛛網「建」關聯。

不同的枝幹如果有相互關聯的內容，可以用虛線連結建立關聯，或用相同底色關聯。當彼此關聯建立的越多，就會越像蜘蛛網一樣長滿整棵樹的樣子。

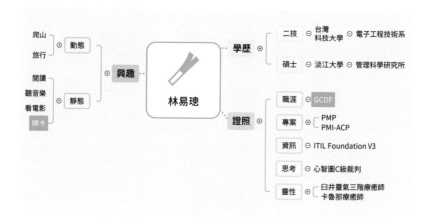

蜘蛛網建關聯

　　大家可以利用六字口訣的順序，一步一步完成心智圖繪製。

雙值分析做抉擇

MAKE A CHOICE USING DUAL VALUE ANALYSIS

富蘭克林在決定事情的時候有一個習慣，取出二張白紙，拿筆分別在紙的中間畫一條線，在第一張紙左邊寫上做這個決定第一件事的好處，右邊寫上做這個決定第一件事的壞處。

左邊	右邊
第一件事的好處	第一件事的壞處

第二張紙左邊寫上做這個決定第二件事的好處，右邊寫上做這個決定第二件事的壞處。

左邊	右邊
第二件事的好處	第二件事的壞處

應用這種思考方法去考慮事情的正、反面,後人稱為「富蘭克林成交法」。

生活當中的抉擇

我們在生活或是工作中,常常會遇到許多抉擇,例如:大學四年畢業之後,我們考慮的是「是否要考取研究所?」;面試到非原生家庭的縣市工作,我們考慮的是「是否要離開故鄉外出打拚?」;原本你已經有一個不錯的工作,你的幾個朋友找你一起創業,我們考慮的是「是否要跟一群朋友共同創業?」;長輩年紀大,生病之後,需要有人專心陪伴,我們考慮的是「是否要辭掉工作專心照顧長輩?」此時就可以繪製雙值分析心智圖。

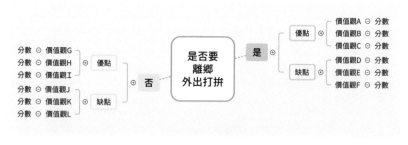

雙值分析心智圖

雙值分析心智圖繪製步驟

我們在畫雙值分析心智圖時,繪製心智圖的六個步驟整理如下。

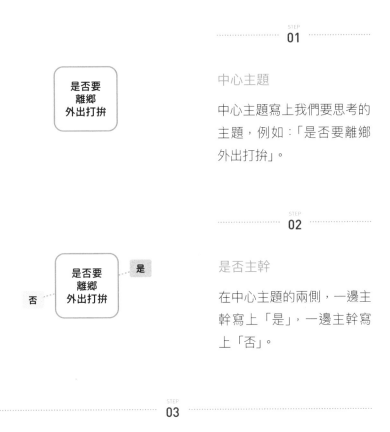

中心主題

中心主題寫上我們要思考的主題,例如:「是否要離鄉外出打拚」。

是否主幹

在中心主題的兩側,一邊主幹寫上「是」,一邊主幹寫上「否」。

優缺枝幹

在「是」、「否」主幹後面,分別寫上「優點」、「缺點」兩個枝幹。

價值思考

在優點與缺點枝幹後面，分別列出個人思考的價值觀跟枝幹內容。

賦予分數

在每個項目後面給予分數一到十，最後加總是跟否兩個主幹的分數。

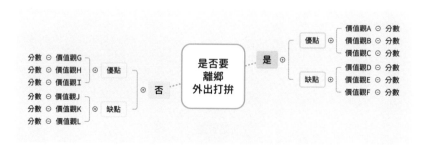

STEP
06
作出決定

分數比較高的主幹與自己的價值觀相符，則可朝此方向思考決策。

工作價值給分數

上面一小段提到做雙值分析思考時，在枝幹當中會列出個人的價值觀做思考與評分，在這邊列出一些選擇工作時，我們可以思考的方向。

工作內容：職務說明書寫的工作內容為何？個人能力可以勝任工作內容？

興趣符合：工作內容是否符合自己的興趣？工作內容是你喜歡的項目嗎？

技能累積：這個工作做了兩三年後，是否可以累積目前尚不擅長的技能？

工作成就：工作上面是否可以帶給你工作成就？還是對你來說駕輕就熟？

工作地點：這個地點，由住家前往是否方便？有哪些交通工具可以前往？

薪資水平：這份工作薪資水平大約多少？是否與你的薪水期望相差不遠？

未來發展：這份工作的未來發展你了解多少？是否可以工作輪調或轉換？

升遷機會：公司組織架構你了解多少？這份工作未來的升遷機會有哪些？

公司前景：產業是否是夕陽產業？公司未來前景如何？五年後趨勢如何？

公司文化：公司文化跟你的價值觀是否相符？你是否可以融入公司文化？

將每一個枝幹的價值觀給予分數之後，計算是、否主幹後面，優點、缺點枝幹的分數，最後會有是與否兩個總分做分析，我們可以用雙值分析為自己提供一個理性的思考抉擇架構。

左右雙腦齊思考

THINK THROUGH THE LEFT BRAIN AND THE RIGHT BRAIN

Section 1　神經細胞互連結

　　卵子在受精後的第三週會發育成神經管，也是人體第一個器官大腦發育的起點，之後會逐步發展為大腦的生理架構，大腦皮質在第六週開始發育，成為大腦運作的核心。

　　神經細胞是大腦最基本的構成之一，大腦透過神經細胞不斷連結、相互的溝通來認識世界，神經細胞外圍有軸突跟樹突，「軸突」負責傳送訊息，「樹突」負責接收；一個神經細胞有一千到一萬個樹突可以跟其他神經細胞連結。在軸突的尾端與另一個神經細胞的樹突之間的空隙稱為「突觸」，透過突觸的作用讓兩個神經細胞可以相互溝通；當我們透過學習、思考會連結不同的神經細胞，當我們透過睡眠、複習會加強神經細胞的連結強度。

❶ 軸突：傳送訊息。
❷ 樹突：負責接收。
❸ 突觸：連結神經細胞，使他們能相互溝通。

左右腦心智能力

我們的大腦，分為左腦跟右腦，左腦屬於邏輯推理部分，右腦屬於藝術創意部分。

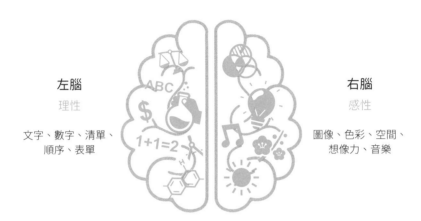

左腦
理性

文字、數字、清單、順序、表單

右腦
感性

圖像、色彩、空間、想像力、音樂

左腦理性，擅長組織目標導向，決策理性謹慎，理性務實，精通數學邏輯，做研究依靠數據，善用數字、推理、邏輯，重視邏輯性，善於管理，喜歡講重點、了解細節。

右腦感性，重視人際溝通哲學，行動依照感覺，想像豐富，擅長畫畫、音樂，用直覺解決問題，善用直覺、觀察、感受，重視創造性，富有情緒，喜歡新點子、反應互動。

而創意激發的來源多半來自善用右腦的心智能力。左腦掌管邏輯跟語言能力會隨著年齡衰退，但右腦掌管圖像跟創造能力卻會隨著年齡提升。

　　當我們在記憶「汽車、帆船、飛機；蘋果、橘子、香蕉」這六個名詞時，除了可以運用左腦分類分成，交通工具「汽車、帆船、飛機」和水果「蘋果、橘子、香蕉」兩類之外；還可以運用右腦，將「汽車、帆船、飛機」拆分為陸、海、空三種交通工具的圖像；將「蘋果、橘子、香蕉」拆分為紅、橙、黃三種水果的顏色。左右腦同時運用，記憶更快，效果更好。

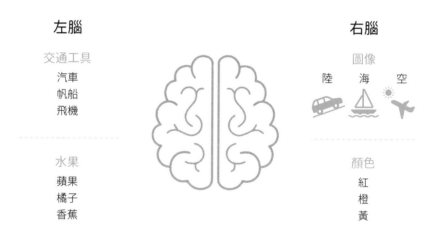

左腦	右腦
交通工具 汽車 帆船 飛機	圖像 陸　海　空
水果 蘋果 橘子 香蕉	顏色 紅 橙 黃

Section 3　**左右腦相互應用**

　　過去我是一位工程師，在寫程式的過程當中，常常整天只用到左腦的邏輯推理能力，有時候，會遇到除錯程式而進入鑽牛角尖的狀態；此時，透過五分鐘的休息或是下班後，拿出畫紙畫畫，運用右腦的圖像與色彩等能力，這樣就可以增加自己的工作效率。

　　此外，英國學者羅貴榮（Roger Greenaway）提出動態回顧循環引導技巧，歸納出四個 F 的引導提問重點：事實 Facts、感受 Feeling、

發現 Finding、未來 Future。動態回顧循環同時也運用到左腦的邏輯跟右腦的感受。

事實

以方塊代表，運用左腦說出現象邏輯。

感受

以紅心代表，運用右腦分享觀察感受。

發現

以黑桃代表，思考過去連結過往經驗。

未來

以梅花代表，思考未來引發行動計畫。

創意思考力 CREATIVE THINKING

水平垂直想標語

CREATE SLOGAN BY BRAIN BLOOM AND BRAIN FLOW

在「1-5：彼此獨立不遺漏」（P.34）中，我們提到地址的上下階層是縣市、鄉鎮市區、村里，這種屬性是屬於邏輯聯想，彼此有上下從屬關係。但是我們在發想標語 Slogan 時，我們要運用的是自由聯想，上下階層有相關但是不一定有從屬關係。邏輯聯想可以運用在每週計畫等企劃類型思考，自由聯想可以運用在創造標語等創意型思考。

Section 1 ｜ 心智圖法的思考方法

心智圖法它有兩種思考的方法：第一種是水平思考法，第二種是垂直思考法，我們可以藉由這兩種聯想的架構，發想各種創意內容，水平思考與垂直思考的內容越豐富，層次越多，發想創意的結果會更加與眾不同。

Cloumn. 1 ｜ 水平思考增廣度

水平思考法是屬於創意思考，英文稱為 Brain Bloom，水平思考法可以增加思考的廣度。例如：我們在做公司創業水平思考時，中心主題我們會寫上公司創業，中心主題下的主幹，我們可能會想

到：公司地點、組織架構、商品定位、目標客戶、合作夥伴、營運方式等內容。水平思考法就像是成語的舉一反三，用一個主題去思考跟它相關的多個議題出來。

水平思考法

　　垂直思考法是屬於邏輯思考，英文稱為 Brain Flow，垂直思考法可以增加思考的深度。

　　例如：我們在做公司創業垂直思考時，中心主題我們會寫上：

　　公司創業 　公司創業會聯想到公司地點 　公司地點會聯想到商辦中心 　商辦中心會想聯到所在地區 　所在地區會想聯到承租價位等內容。垂直思考法就好像深度挖掘，用一個主題去帶出下一個跟它有關的細節出來。

垂直思考法

案例

　　小萱（化名）是一位藝術創作畫家，在跟來訪者一對一交流對談過之後，會為他們畫出一張專屬他們的心靈故事作品，而小萱想要為自己的品牌設計一句專屬的標語，於是我建議小萱用心智圖法的水平思考跟垂直思考來做標語的發想思考。

STEP
01

中心主題寫上「藝術創作」。

STEP
02

根據中心主題做「水平聯想」，我們會想到：心靈對話、生命故事、專屬創作、療癒談心、一幅畫一故事等。

在生命故事主幹作「水平聯想」，生命故事會聯想到生命旅程、人生成就、人生低谷等。

在人生成就枝幹作「水平聯想」，人生成就會聯想到得獎作品、工作表現、考取證照等。

在療癒談心主幹作「垂直聯想」，療癒談心會想到心靈療癒；心靈療癒會想到張老師；張老師會想到生命線等。

在一幅畫一故事主幹作「垂直聯想」，一幅畫一故事會想到故事療癒；故事療癒會想到說故事媽媽等。

持續用水平聯想跟垂直聯想發想心智圖內容，接下來根據這些發想的內容，歸納出專屬於個人的品牌標語。

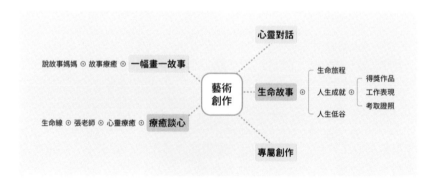

　　發想過後的品牌標語範例：我是心靈對話畫家小萱，透過心靈療癒對談，畫出您的生命故事，與您一起透過故事療癒。

奔馳思考創意多
CREATIVE THINKING BY SCAMPER

　　美國心理學家羅伯特・艾伯爾（Robert Eberle）提出一種創意發想的思考方法，稱為奔馳思考法（SCAMPER），它是由替換（Substitute）、整合（Combine）、調整（Adapt）、修改（Modify）、其他應用（Put to other use）、消除（Eliminate）、重組（Rearrange）七種思考的面向所組成。

替換

說明：思考原有物品當中，其中哪個部分可以被新功能替換？

案例：原本耳機需要插到手機或電腦上接收音源訊號，訊號替換成藍芽傳輸，衍生出無線耳機。

整合

說明：思考把兩個不相連的物品，整合在一起變成全新產品。

案例：書桌跟床都是臥室常見的木質家具，將兩個家具整合成為雙層床書桌組，節省臥室空間。

調整

說明：思考原有物品是否可以調整形狀、外觀是否更加好用？

案例：因應環保，將米打成粉狀，加上水跟木薯澱粉混合成米麵團，擠出定型，切割成為吸管。

說明：思考原有物品修改大小、形狀、顏色後是否效果更好？

案例：星巴克總部推動無吸管杯蓋的寶寶杯，修改杯蓋設計，不再需要外接吸管才能喝咖啡。

其他應用

說明：思考原有物品的功能，是否可以改變做其他用途？

案例：修改一般雨傘握把的功能，改成分離式拐杖，一傘兩用，可以當雨傘，也可以當拐杖。

消除

說明：思考原有物品，去除哪些部分之後，是否有不同效果？

案例：手機原本為按鍵輸入，蘋果 iPhone 手機消除原本手機按鍵功能，改為螢幕觸控輸入功能。

重組

說明：思考原有物品，重新排列組合後，是否會有新的創意？

案例：重新將雨傘的傘面，以及車子的太陽擋板重組，變成可以在車子內使用的太陽擋板陽傘。

Section 1　**圖像思考創意多**

　　右腦的心智能力其中一個是圖像，我們除了可以透過圖像幫助我們記憶外，圖像也可以幫助我們創意發想。圖像中除了點跟線外，三角形、正方形、圓形是最常用的三種形狀，這三種形狀也是所有形狀的基礎。我們可以運用版塊放置、配對組合、倒數計時、隨機運氣四種機制幫助我們創意發想。

版塊放置

畫一個三乘三的格子作為版塊基底，每邊各別放置三角形、正方形、圓形三種形狀做圖像創意思考。

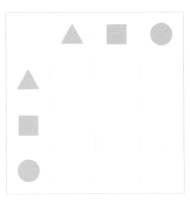

圖像思考創意思考

配對組合

利用奔馳法的整合，發想出不同產品，例如：正方形跟正方形變成筆電，正方形跟圓形變成馬克杯。

奔馳法的整合

倒數計時

可以增加版塊基底的格子數量，比如三乘三改成六乘六，用碼表倒數計時，看誰可以畫出最多想法。

隨機運氣

使用六個圖案，配合骰子一點到六點，例如：一是三角形；二是正方形；三是長方形；四是圓形；五是菱形；六是六角形，丟骰子兩次，用兩種不同形狀配對組合。

例如：抽到 1、1 三角形跟三角形，會想金字塔；抽到 3、1 長方型跟三角形，會想到雨傘。

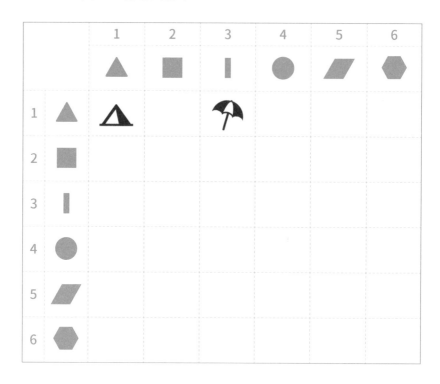

蘋果公司創始人<u>史蒂夫‧賈伯斯</u>（Steve Jobs）曾說：「創造力就是將事物連結起來的能力。」我們透過兩種不同圖像的連結，就能創造出新的物品出來。當我們的大腦的經驗越多，連結的事物越多，越可以觸發新的想法，思考出新的解法。

資訊圖表視覺化
VISUALIZE WITH INFOGRAPHICS

　　我們在開車的時候，常常會看到路上有許多的交通號誌，根據交通號誌的圖示，用視覺化的方式讓我們知道前方道路縮減，或是前方路口禁止迴轉，此段道路限速 60 公里等內容。透過右腦的圖像連結、視覺思考，不需要看長長的文字說明才能了解對方要傳達的內容。

　　Infographic 中文意思是指資訊圖表，也就是將資訊的內容用圖表的方式呈現，將統計、分析、比較圖表的數據表格，透過視覺化的圖像，呈現出資料中所代表的意義及趨勢。

　　另外，我們在設計商品文宣、簡報設計等內容，有一句金句是：「文不如表，表不如圖」，意思是說圖示呈現出來的效果勝過表格，表格呈現出來的效果勝過文字，也是相同的道理。圖像是右腦的心智能力，而表單、文字是左腦的心智能力，透過右腦的圖像能力，可以快速了解對方想要傳達的主題。

Section　1　資訊圖表說數據

Cloumn. 1　步驟圖

　　說明：呈現系統架構進行時，相關的步驟順序或者是進行的先後流程。

75

案例：在「第四章：知識管理力」（P.111）中，我們做知識管理的時候，會有資料收集、資訊整理、知識產出三個步驟。

資料收集	資訊整理	知識產出

知識管理步驟圖

Cloumn. 2 帕列托圖（80/20 法則）

說明：問題分析時，根據問題的原因分類，將問題發生的頻率，由大到小排序，計算出各自所占頻率和累計頻率，再根據數據畫出柱形圖和累計頻率折線圖。找出影響 80% 的問題原因。

案例：在「第七章：職涯規劃力」（P.193）中，根據未來想要轉職的跨產業公司，收集盤點職務說明中須備的可轉換能力及所占的比率，優先學習占比最高的前幾項能力。

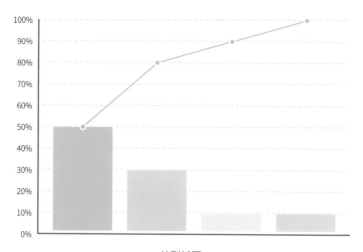

帕列托圖

說明：展現時間序列等有連續資料的變化數值，以觀察趨勢或是異常狀況。

案例：在「第七章：職涯規劃力」（P.193）中提到，2020 年因為疫情影響，104 人力銀行顯示工作機會數從三月 65.9 萬個減少到五月 55.5 萬個工作機會[6]。

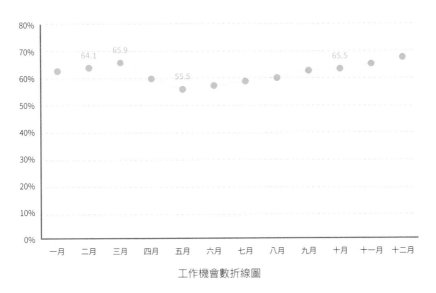

工作機會數折線圖

說明：呈現不同集合的數學或邏輯對應關係，可以運用在交集、聯集等數學運算當中。

案例：在「第七章：職涯規劃力」（P.193）中，我們做職涯規劃知己部分的時候，要先找到能力、興趣、價值觀的交集。

能力興趣價值觀文氏圖

Cloumn. 5 比較圖

說明：用橫軸跟縱軸兩條座標軸，釐清項目的相對位置。

案例：在「第八章：目標管理力」（P.223）中，我們做時間管理時，可以用緊急性跟重要性來判斷待辦事項的相對位置。

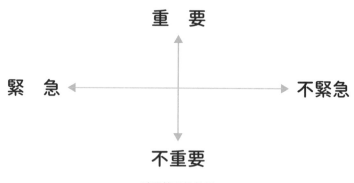

時間管理比較圖

說明：用在顯示多個維度資料。可以觀察各個維度分數高低，以供未來規劃調整使用。

案例：在「第八章：目標管理力」（P.223）中，我們做明年年度計畫時，會先用人生幸福輪為今年的年度成果打分數，再來規劃明年的計畫。

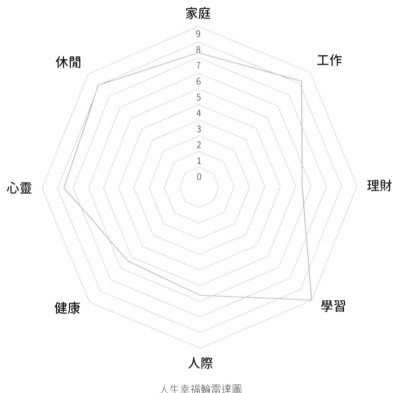

人生幸福輪雷達圖

註6：資料來源：104 人力銀行統計資料。

發散收斂激盪力

DIVERGENT THINKING AND CONVERGENT THINKING

Section 1	**腦力激盪重於量**

　　腦力激盪法是由美國 BBDO 廣告公司創始人<u>奧斯朋</u>（Alex F. Osborn）所提倡的創造力思考方法。首先先發散思考創造選項、追求量，再來收斂思考做出選擇、追求質。我們可以透過「第二章：創意思考力」（P.49）發散創意，透過「第一章：邏輯分析力」（P.13）收斂想法。一個好的想法，是從很多的想法中挑選出來，所以首先需要的是發散思考的廣度跟數量。

發散收斂腦力激盪

腦力激盪法的規則

可用內容主題 What、討論成員 Who、執行方案 How 三個面向來說明：

內容主題：可以運用開放式如何問句模式設定發想主題，例如：我們如何……完成……目標？

討論成員：可以召集團體當中對該主題有類似經驗的成員跟喜歡思考、解決問題的成員。

執行方案：包括確認不做批評、不要打斷、自由聯想、量重於質、點子堆疊等五個規則，說明如下。

不做批評：不批評別人的想法，才能增加自由聯想的廣度。

不要打斷：一次一個人發言，別人發言時，不要打斷對方。

自由聯想：跳脫原本的思考框架，暢所欲言才能突發奇想。

量重於質：將每個人能想到的全部說出來，量比質更重要。

點子堆疊：運用他人的點子加上自己的想法，創造新可能。

在發散出各種想法之後，再根據可行性比較高的創意發想進行具體討論，收斂出可行性做法。

發散思考有方法

大小創意創辦人姚仁祿曾說：「創意就是反叛，就是重新定義每一件事。」他認為，要尋找創意、激發創意，就必須經常換一條路走、換一隻手用，打破生活中的舊習慣。例如：賈伯斯他重新定

義行動電話，發展出 iPhone 手機。在發散思考中，要增加思考的數量，創意是必要元素之一。要如何增加發散思考的數量跟廣度，我統整了一些做法。

開放心態

不管任何知識或技能，最重要的元素是態度，當你的心態越開放，越想要解決問題，你能想到的方法就會越多元。

重新定義

方向錯了，方法就算正確，也到不了終點。卡關時，換一條路，轉個方向，用不同角度重新定義問題，重新思考。

跨域學習

結合開放心態與重新定義兩個要素，透過跨域學習，增加思考的廣度與深度；透過跨域學習，創造個人差異與特色。

每日反省

一天結束後，透過反省沉澱，感恩一整天的美好，思考需要調整的地方，透過自我對話，組合出更多想法跟創意。

善用直覺

右腦使用直覺來解決問題，多多善用自己的直覺、觀察、感受，右腦直覺會比左腦分析更能激發創意、解決問題。

感動自己

盤點生活當中，例如：電影電視、書籍雜誌、人際互動，哪些事情、哪些想法可以感動自己？累積自己的創意資料庫。

CHAPTER 3

閱讀學習力

READING AND LEARNING

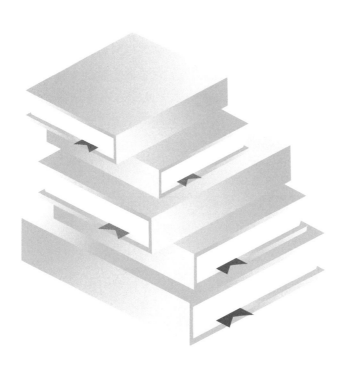

自主學習訂計畫
MAKE A SELF-LEARNING PLAN

愛因斯坦興趣論

根據報導指出，東方社會每人每年平均只閱讀兩本書籍。在滑世代的今天，大家都只用手機滑臉書而不進書局看實體書籍。

艾爾伯特‧愛因斯坦（Albert Einstein）曾經說過：「興趣是最好的老師，它可激發人的創造熱情、好奇心和求知慾。由百折不撓的信念所支持的人的意志，比那些似乎是無敵的物質力量有更強大的威力。」不管是學生或是成年人，有了興趣之後，就會引發內在動機，自主學習新主題。透過自主學習，提升溝通內涵；透過自主學習，擴大知識邊界；透過自主學習，打磨學習深度。

學生要培養個人素養提問作答時所需要的，歸納運用、思考理解、反思評價的能力，這需要平時多閱讀不同領域、不同類型的主題，多接觸多樣性議題才是王道。

不只是學生，我們在工作當中常常要跟公司同仁、廠商客戶接洽交流，在溝通過程中不能只有閒聊，還要有工作專業的深度與生活應用的廣度。要增加溝通的深度跟廣度也要靠平時多閱讀不同領域、不同類型的主題。因此我們要廣泛接觸各類有深度的文章書籍，例如：整合科普實驗、社會文化、生活知識、全球議題，透過

大量跨領域閱讀文章，培養了解內容、歸納說明，以及反思評價等不同層次的能力。

自主學習訂計畫

前面我提到了興趣是最好的老師，自主學習的目的動機是提升溝通內涵、擴大知識邊界、打磨學習深度。那我們要如何訂定自主學習計畫呢？這裡借用 6W2H 方法為大家說明如何訂定自主學習計畫策略。

分別是目的動機——Why；內容主題——What；執行人員——Who；方法途徑——Which；日期時間——When；地點空間——Where；執行方案——How，經費預算——How much。

目的動機（Why）

興趣，藉由興趣激發創造熱情、好奇與求知慾。

內容主題（What）

跨域，不同領域、類型多元而且有興趣的主題。

執行人員（Who）

同好，自主學習之後，可與同好一起討論交流。

方法途徑（Which）

多元，閱讀、實體講座、線上課程，多元學習。

日期時間（When）

定時，固定時間，結合注意力週期跟番茄時鐘。

地點空間（Where）

定點，安排一個安靜不受打擾的地方自主學習。

執行方案（How）

定頻，固定頻率養成閱讀習慣，定期開讀書會。

經費預算（How much）

定額，每個月分配固定預算購買主題閱讀書籍。

目的動機 興趣	內容主題 跨域	執行人員 同好
經費預定 定額	自主 學習	方法途徑 多元
執行方案 定頻	地點空間 定點	日期時間 定時

自主學習計畫策略

在資訊爆炸的時代，學生透過自主學習計畫內化反思，有效拆解考試提問；成人透過自主學習計畫自我進修，累積技能培養實力；全民透過自主學習計畫終身學習，提升個人競爭能力。

主題閱讀深耕耘
KEEP GOING ON THEMATIC READING

Section 1 **四個層次好閱讀**

　　艾德勒（Adler）跟范多倫（Van Doren）合著的《如何閱讀一本書》一書當中提到了：「閱讀分為四個層次，分別是基礎閱讀、檢視閱讀、分析閱讀、主題閱讀。」

第一個層次

基礎閱讀：所謂的基礎閱讀，就是我們可以看懂書裡面文字跟文法；例如，我們學過中文，我們就能看懂中文書裡面的內容；但假設我們沒有學過日文，我們就沒有辦法進行日文書籍的基礎閱讀。

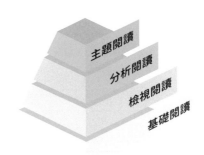

閱讀四個層次

第二個層次

檢視閱讀：所謂的檢視閱讀，也稱為略讀，我們拿起一本書之後，在一定的時間內，可以抓住一本書的重點跟確認是否要深讀。

第三個層次

分析閱讀：所謂的分析閱讀，用意在追尋理解，就是在不受時間

的限制之下，客觀並完整的閱讀書籍，然後提出對應且系統性的提問。

第四個層次

主題閱讀：所謂的主題閱讀，也稱為比較閱讀，就是閱讀完該主題五到十本書之後，把裡面的章節做解構、連結跟建構。

Section 2　**主題閱讀如何做**

Cloumn. 1　主題閱讀製作方式

　　怎麼做主題閱讀呢？趙周的《極簡閱讀》一書當中提到了三個技巧，分別是：海選、相親、過日子。

技巧一

海選：我們可以到實體書局、二手書店、或者是在網路上，一次挑選五到十本相同的主題統整回來閱讀。例如，我有一個身分是GCDF 職涯發展師，職涯相關書籍就會是我主題閱讀的主題之一。

技巧二

相親：挑選完這麼多本書之後呢？我們把一本書、一本書的重點看過後，再根據主題相關性來閱讀。例如，逐一檢視之後，發現有些書是在講知己知彼，有些書是在講轉職斜槓，有些書是在講職涯規劃。

技巧三

過日子：在這麼多本書裡面，挑出一本最精華的書籍來做仔細的閱讀，這個部分就是生活。例如，假設轉職是之前比較少接觸

跟閱讀的部分，我就會把相關書籍仔細的閱讀，並整理讀後筆記跟簡報。

Cloumn. 2 閱讀書籍選擇方式

如何選擇閱讀書籍的呢？書籍選擇有三個方式，分別是：領域大師、十年經典、當季暢銷。

方式一

領域大師：我們想要進入一個新的領域，會先閱讀該領域大師的作品。例如就讀 EMBA 研究所，會選擇就讀管理學大師的著作，像是彼得‧杜拉克的《管理的使命》系列作品、彼得‧聖吉的《第五項修練》。

方式二

十年經典：如果一本書暢銷超過十年甚至二十年，表示這本書獲得許多人的閱讀與認可。像是米奇‧艾爾邦的《最後 14 堂星期二的課》、羅勃特‧T‧清崎的《富爸爸，窮爸爸》系列作品，都是超過二十年的好書。

方式三

當季暢銷：我們到書局時，都會看到牆壁上當月的各類暢銷書籍，如果一本書超過三個月，表示是當季的熱門書籍，該本書一致獲得普世的認同。像是詹姆斯‧克利爾的《原子習慣》、古賀史健和岸見一郎的《被討厭的勇氣：自我啟發之父「阿德勒」的教導》。

假如你剛進入一個新的領域，或是想要了解一門新的知識，藉由閱讀十本以上大師著作與經典書籍，可以提升自己在該領域的深度跟廣度。

閱讀行動黃金圈
THE GOLDEN CIRCLE FOR READING

　　賽門・西尼克（Simon O. Sinek）在 TED 演講「偉大的領袖如何鼓勵行動」中提出了黃金圈（The Golden Circle）理論，黃金圈從內到外分為三個階層，分別是 Why、How、What。Why 代表領導者或是品牌的理念跟信念目標；How 代表執行理念的方法及過程；What 代表最終呈現出的產品及領導風格。

代表最終呈現出的產品以及領導風格。

代表執行理念的方法以及過程。

代表領導者或是品牌的理念跟信念目標。

　　各個產業當中成功的領導者和品牌，都是以核心理念 Why 為出發點，接下來，依照 How 跟 What 的順序思考。

閱讀行動黃金圈架構

　　根據這一個架構，延伸出閱讀行動黃金圈架構，由為何讀：拆解問題出發；再來思考如何讀：尋找方案；最後思考讀什麼：計畫行動。

讀什麼＝計畫行動

找出書中系統、知識、技巧，可以運用在工作生活當中解決問題？

如何讀＝尋找方案

透過對話思考聚焦分析，書本當中哪些內容可以回答心中的疑惑？

為何讀＝拆解問題

拆解心中問題，哪些疑惑想要從閱讀相關書籍得到經驗案例解答？

閱讀黃金圈

發散收斂四部曲

　　在「2-8：發散收斂激盪力」（P.80）當中，提到發散收斂模型。在閱讀黃金圈當中，則可以延伸這一個模型細節，發散環節當中包括問題拆解與主題閱讀；收斂環節當中包括思考對話與行動計畫。

發散問題拆解：聚焦目前問題拆解成幾個議題研究。

發散主題閱讀：根據每個小議題，進行主題式閱讀。

收斂思考對話：深讀書中章節，思考對話做出判斷。

收斂行動計畫：找出可行方案，根據方案訂定計畫。

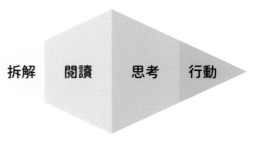

拆解　　閱讀　　思考　　行動

閱讀思考行動模型

動態回顧四引導

在「2-4：左右雙腦齊思考」（P.62）中，提到動態回顧循環引導技巧：事實 Facts、感受 Feeling、發現 Finding、未來 Future。

事實：站在不同角度來觀察事物，用客觀的語言來描述事件本身。

感受：用心感受過程氛圍，代表個人主觀感受或是內在直覺想法。

發現：從自身過往經驗當中，挖掘事件對個人與群體帶來的意義。

未來：把經驗轉化應用在未來生活中，包括學習計畫、行動計畫。

我們在拆解、閱讀、思考、行動時，可以應用動態回顧四引導的四個面向在閱讀黃金圈當中。

事實：閱讀分析歸納有哪些資訊知識可以運用？

感受：閱讀過程感受有哪些故事案例可以內化？

發現：思考過去經驗是否有類似問題可以解決？

未來：思考未來規劃有哪些行動方案可以執行？

快速閱讀抓重點

GET THE POINT WHEN RAPIDLY READING

Section 1 **主題書籍快速讀**

　　根據「3-3：閱讀行動黃金圈」（P.90）中提到的閱讀行動黃金圈發散收斂四部曲，我們透過拆解問題進行主題閱讀，經由思考對話擬定行動計畫。因此，我們在選擇主題閱讀書籍的時候，根據判斷閱讀書籍的內容，是否需要後續思考與行動，我們可以區分為主題性書籍與娛樂性書籍。

　　主題性書籍：閱讀是為了自己的成長，需要思考、筆記、行動，例如商業管理、生活指導類，可以快速主題閱讀。

　　娛樂性書籍：閱讀是為了自己的樂趣，不需思考、筆記、行動，例如散文小說、漫畫繪本類，適合慢慢打磨時間。

　　根據每一個人不同的需求，可以把大部分的時間放在閱讀主題性書籍，把少部分的時間放在閱讀娛樂性書籍。

閱讀　　　思考　　　筆記

閱讀思考與筆記

抓住重點有訣竅

閱讀時，我們可以透過前言、目錄、總覽快速與作者站在一起，思考從哪一個章節切入摘錄重點。

前言對焦：讀者透過前言，了解作者想法，對焦書籍精華重點。

目錄尋寶：讀者透過目錄，疏理書籍架構，抓取個人所須內容。

章節總覽：讀者透過總覽，統整章節精華，歸納收斂產生行動。

此外，我們可以透過字型、要點、圖表三個面向的編輯方式，抓住作者要傳達給讀者的書籍重點。

字型：作者透過字型變換或顏色改變，例如粗體，讓讀者快速看到關鍵字。

要點：作者透過要點，整理歸納主題摘要或是分析說明，讓讀者內化應用。

圖表：作者透過圖表，圖解這個段落架構；透過表格，統整這個段落精華。

Section 3　**善用工具好整理**

我們可以透過N次貼、筆記本、彩色筆、色鉛筆、折疊尺、工具尺、立可帶等工具，協助我們閱讀書籍與整理筆記。另外，我們可以使用曼陀羅九宮格或是心智圖法來整理筆記。

N次貼

快速閱讀過程中，看到重點時可以用指示標籤貼在該頁上方，方便後續整理。

筆記本

在整理曼陀羅九宮格時可以使用方格筆記本，在整理心智圖時可以使用空白筆記本。

彩色筆

可以購買十二色一邊粗一邊細的彩色筆，同主題或主幹可以用相同顏色上色。

色鉛筆

當筆記中有不同枝幹的內容需要做關聯時，可以用相同顏色色鉛筆上底色。

折疊尺

購買十五公分折疊尺，打開後為三十公分，可以用在畫九宮格或畫重點使用。

工具尺

購買有圓形、正方形等圖案工具尺，在整理幾大重點、幾大面向時很好使用。

立可帶

在筆記整理當中不小心寫錯字時，可以用立可帶修正錯誤，讓筆記頁面美觀。

觀想變通九四快
FOUR FEATURES IN 94-QUICK (VIEW-THINK-CHANGE-LINK)

　　謝玉珠跟蔡巨鵬兩位老師合著的《讀行幫》一書當中提到了九四快讀書法,這個方法可以在短時間內閱讀完一本書,我個人也受惠這個讀書法,在一年左右閱讀了一百本書,下面將這個讀書方法整理如下:

九:九宮方格,閱讀筆記。利用方格棋盤,將閱讀、思考、筆記統整在紙本筆記當中。

四:四字心法,觀想變通。運用觀想變通四字心法,透過閱讀以及提問產出個人心得。

快:番茄時鐘,專注閱讀。使用番茄時鐘原則,專心閱讀,不受外界人事物打擾分心。

Section 1　九宮方格做筆記

　　蔡巨鵬老師研發出,十八乘以二十七的方格棋盤,在棋盤當中可以畫出無限多種九宮格。九四快讀書法是曼陀羅九宮格的延伸,在排版上結合了康乃爾筆記法 T 型三個區塊,跟兩個九宮格在同一張 A4 筆記當中。

左下區塊：閱讀

透過兩個九宮格，找出書中關鍵內容。

右下區塊：思考

藉由自我提問，找出書中解答的方法。

上方區塊：行動

反思目前狀態，寫出未來的行動計畫。

九四快讀書法

Section 2 **觀想變通四字訣**

讀書法的觀、想、變、通四字心法內容說明如下：

心法一 觀：觀察，觀察書封目錄內文找出關鍵字。

第一個觀：閱讀書本的封面、封底、書腰、前言、目錄、結語。
第二個觀：閱讀內文標題、粗體字、理論、圖表。在重點頁貼上標籤，在九宮格筆記中寫下頁碼。

心法二 想：想像，提出問題，與書本對話與交流。

透過前面兩個九宮格的十六個關鍵字，想出一個你想要提問的問題。

心法三　變：變化，根據書中內容，找出三個解答。

從書中找出可以解答自己提問問題的三個重點、方法、理論、圖表。

心法四　通：通達，寫出個人心得，落實行動方案。

寫下一個閱讀本書的心得感想，或是自己將來的行動方案或計畫。

Section 3　**番茄時鐘專心讀**

使用九四快讀書法時，可以結合蕃茄鐘專心閱讀、思考及筆記。開始練習讀書法時，可以使用四個番茄鐘，執行九四快讀書法，等流程熟練之後，再縮短番茄鐘數量。

第一個番茄鐘　這個二十五分鐘可以專心完成：第一個觀，封面目錄。

第二個番茄鐘　這個二十五分鐘可以專心完成：第二個觀，內文重點。

第三個番茄鐘　這個二十五分鐘可以專心完成：想以及變，思考提問。

第四個番茄鐘　這個二十五分鐘可以專心完成：最後的通，行動方案。

完成九四快筆記之後，可以運用 Microsoft Office Lens APP 將紙本筆記電子化，存到 Evernote 當中，等閱讀到一定數量的書籍之後，可以運用 Evernote 數位筆記的功能製作目錄索引，未來可以快速尋找書籍筆記等相關內容。

心智圖法做筆記

WRITE NOTES USING MIND MAPPING

心智圖法除了可以用在思考之外，還可以用在筆記當中；不管是聆聽演講、閱讀書籍、準備考試，都可以透過心智圖法來整理筆記內容。

Section 1　聆聽演講心智圖

我們常會在朋友圈當中，收到不同類型演講的邀請，當演講主題、課程大綱、上課時間、上課地點等相關因素都符合自己需求的時候，就會考慮報名前往參加聆聽演講。在聆聽演講時，可以用四個步驟整理演講筆記。

STEP
01

演講主題

上課前，我們可以在中心主題寫上演講主題、講師姓名、當天日期。

STEP
02

課程大綱

如果上課前已知道課程大綱，會在中心主題外圍的主幹寫上課程大綱。一個主題，一個主幹。如果上課前不知道課程大綱，可在講師自我介紹後，快速將課程大綱內容填在主幹當中。

STEP
03

演講重點

根據老師上課的簡報內容，抓取重要關鍵字，填入相對應主幹當中。

04 建立關聯

我們可以將不同主幹有相關聯的內容，建立起關聯。

我們可以將一場演講的重點整理成一張心智圖筆記。隨著時間流逝，我們可能還記得演講的老師跟分享的主題，但可能忘了演講內容，但只要重新拿回當時所寫的心智圖筆記，馬上就可以回想起演講的相關內容回來。

Section 2 **閱讀書籍心智圖**

在主題閱讀之後，除了九四快讀書法以外，我們也可以用心智圖法整理我們的閱讀筆記。在整理筆記之前，我們已經透過「3-4：快速閱讀抓重點」（P.93）摘錄完書中的重點，並用 N 次貼標記完成。在閱讀書籍後，可以用三個步驟整理筆記。

STEP
01 書籍名稱

我們可以在中心主題寫上書籍名稱、整理日期。

STEP
02 章節名稱

根據書籍中每章的主題，填在中心主題外圍主幹，一章一個主幹。在每一章後面，填上對應小節的主題名稱，一小節一個枝幹。

STEP
03 書籍重點

根據書中的重點關鍵字，填入相對應的小節枝幹當中。

如果在整理閱讀筆記時，發現章節內容比較豐富，或者是筆記內容較多，例如：要整理三十種水晶的資料，不一定只能將所有筆

記重點填在同一張心智圖中，有時可以一個章節一張心智圖；有時可以用自己習慣的分類方式，一類整理一張心智圖，並整理出最合適自己的筆記。

Section 3　準備考試心智圖

為了增加職場的競爭力，或者是添加個人的興趣，我們會參加外部教育訓練並拿取證照；在準備考試的時候，整理心智圖，就是一種重點整理的好工具；上場考試前，先前整理的心智圖就是一個快速複習的筆記。

STEP 01　考科章名

我們可以在中心主題寫上考試科目跟章的主題，一章一頁心智圖。

STEP 02　考科節名

根據考試科目小節的主題，填在中心主題外圍主幹。

STEP 03　記憶重點

根據書中的重點關鍵字，填入相對應的枝幹當中。

我們可以準備一本空白筆記本，專門給證照考試使用，將所有的整理筆記，整理在空白筆記本中，考試當天，可以攜帶筆記本上考場考試。

學習地圖建架構
CREATE A STRUCTURE FOR LEARNING MAP

Section 1　學習地圖建廣度

　　從學校畢業出了社會後，少了上學獲得學分的學習動機，也少了大學四年或是研究所兩年有系統的學習架構；替代的方法是個人版客製化的學習地圖，讓自己可以有系統地學習與技能提升，讓個人的學習更有學習動機。

　　工作時，我們會為了工作上的需求閱讀書籍、線上學習、考取證照；放假時，我們會為了生活中的興趣聆聽演講、參加社團、自主學習。根據世界經濟論壇《工作大未來》報告中指出，未來五大核心技能：複雜問題解決、關鍵思考、創意、人事管理、與他人合作，核心技能也是我們學習地圖當中重要的一環。

　　而我將學習地圖區分為專業職能、興趣嗜好、核心技能這三個面向。

　　專業職能：培養平時工作上要必備的專業能力，例如，專案管理、程式設計。

　　興趣嗜好：培養休假生活中有興趣的嗜好休閒，例如，身心療癒、投資理財。

核心技能：培養未來工作裡所需要的核心能力，例如，問題解決、他人合作。

除了個人的需求之外，可以觀察公司主管或是欣賞的前輩，有哪一些職能、興趣、技能是你欠缺的，也可加入學習地圖當中。

Section 2 **客製個人學習地圖**

建構個人版客製化學習地圖，總共有五個步驟。

學習地圖

學習
地圖

STEP
01

使用心智圖法，在中心主題寫上「學習地圖」。

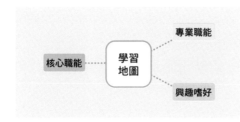

STEP
02

在中心主題外圍寫上「專業職能」、「興趣嗜好」、「核心技能」三個主幹。

STEP
03

在每個主幹下寫出要學習的主題，例如：專業職能對應的是專案管理、程式設計。

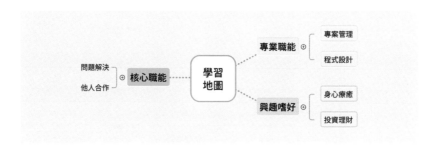

STEP
04

盤點過去的學習歷程，統整在學習地圖當中，例如：專案管理下，列出已經考取 PMP 證照。

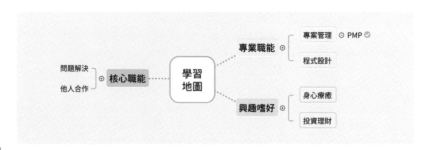

思考未來一年，想要再精進哪些主題課程，例如：專案管理下，列出想要再考取 PMI-ACP 證照。

接下來的時間，就針對學習地圖中想要精進的課程，打造學習的廣度。

Section 3　知識架構鑽深度

不管是閱讀書籍、聆聽演講、準備考試，我們都可以運用心智圖法或是曼陀羅九宮格整理歸納成筆記。在 「3-2：主題閱讀深耕耘」（P.87）中，我們聊到了主題閱讀的作法，我們可以根據專業職能、興趣嗜好、核心技能，執行個人客製化的主題閱讀，建構個人版的知識架構。

我將個人版知識架構區分為經典地基、系統架構、補充參考這三個面向。

經典地基

萃取知識的基礎，就好像房子地基打樁，例如：財務心法、學習經濟、統計、會計。

系統架構

架構知識的系統，就好像房子鋼骨模型，例如：投資方法，學習股票、基金、債券。

補充參考

補充知識的資料，就好像房子外型結構，例如：操作技法、學習技術、選股策略。

在學習地圖不同主題的廣度之下，針對知識架構、主題閱讀，打磨知識的深度。

記憶宮殿記憶久

REMEMBER DEEPLY USING MEMORY PALACE

Section 1 **記憶宮殿話由來**

公元前 515 年，有位斯科帕斯的貴族在宮殿中舉辦宴會邀請客人，抒情詩人西摩尼德斯（Simonides of Ceos，西元前 556 年～西元前 468 年）作為當天宴會的受邀嘉賓，他吟頌了一首詩向主人致敬，這首詩中有一段讚美天神宙斯的雙胞胎卡斯特與波魯克斯，也就是雙子座守護神；在宮殿屋頂倒塌下來之前，西摩尼德斯被召喚叫出宮殿的外面。在經歷了這一次的突發事件，詩人頓悟出記憶術的原理，成為了記憶術的創始人。

西摩尼德斯創立的方法叫位置記憶法，這種方法有兩個主要特徵，一是尋找空間的位置，二是進行視覺化聯想，他從自己記得賓客在宴席上的位置，進而能夠認出當天參加宴會的客人，也因為發生地點在宮殿當中，因此也稱為記憶宮殿。

Section 2 **位置記憶巧連結**

我們在練習位置記憶法的時候，可以找一個比較熟悉的地方，這個地方可能是家裡，或者是各位工作的辦公室；這個地方是要動線清楚、走動方便，不會被物品阻擋的地點。

接下來可以找十個不會更換位置的物品，例如：冷氣、沙發等物品永久定位，並且將這十個物品根據行進路線加以編號；接下來將十件要記憶的內容加以編號，並且把我們要記得十個內容轉換成圖像，透過右腦圖像連結，把十個位置跟十個內容建立連結，這就是記憶宮殿的記憶的方式。

比如，家中一進家門的擺設是先看到鞋櫃，鞋櫃旁邊擺著電視，電視旁邊有魚缸，魚缸接鄰著沙發，沙發上方有冷氣；我們就可以依序做編號。

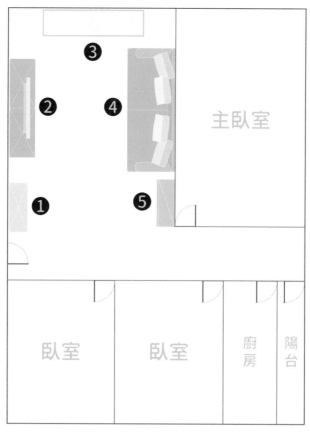

❶鞋櫃　❷電視　❸魚缸　❹沙發　❺冷氣

接著，假設我們要到賣場買假日要使用的食材，我們用：

① 高麗菜、② 紅蘿蔔、③ 香菇、④ 玉米、⑤ 蘋果來做編號。

接下來，我們可以想像：

鞋櫃上放了一顆 ① 高麗菜，

　　電視裡上演兔子正在吃 ② 紅蘿蔔，

　　魚缸的魚正在吃 ③ 香菇口味的飼料，

　　沙發上朋友正在吃 ④ 玉米，

　　冷氣是 ⑤ 蘋果公司設計製造的。

根據上述說明，整理步驟如下：

　熟悉環境：尋找熟悉環境，動線順暢。

　永久定位：確認十個位置，編號定位。

　編輯號碼：將十個位置依序編排號碼。

　轉化圖像：將十個物品轉化右腦圖像。

　建立關聯：將物品跟位置，建立連結。

Section 3　身體記憶建連結

另一種方式是用身體部位記憶，這種記憶的做法是：從腳底到頭頂，選出十個身體部位（例如：腳底、小腿、大腿、屁股、腰、肩膀、脖子、鼻孔、眼睛、頭頂），將這十個身體部位由下到上編號。

接下來將十件要記憶的內容加以編號，並且把我們要記得十個內容轉換成圖像，透過右腦圖像連結，把十個身體部位跟十個內容建立連結，這個就是身體記憶的方式。

根據上述說明，整理步驟如下：

身體部位

腳底到頭頂選出十個部位。

永久定位

十個部位編號，永久定位。

編輯號碼

將十個位置依序編排號碼。

轉化圖像

將十個物品轉化右腦圖像。

建立關聯

物品跟身體部位建立連結。

Section 4 ## 諧音意義好記憶

除了位置記憶跟身體記憶之外，我們也可以運用諧音法跟意義法記憶。

諧音法

歷史課本當中，將八國聯軍「俄德法美日奧義英」記憶成「餓的話每日熬一鷹」。

意義法

地理課本當中，將八大行星的順序記憶成「水晶球，火燒木變成土，天連著海」。

CHAPTER 4

知識管理力

KNOWLEDGE MANAGEMENT

知識管理三部曲
TRILOGY ON KNOWLEDGE MANAGEMENT

> Section 1 　**輸入處理與輸出**

　　知識爆炸的時代，我們每天都會使用電腦，通常是運用在我們的工作跟生活上，假設我們使用的是最常用的計算機功能，當我們藉由鍵盤輸入（Input）我們要計算的內容時，電腦的中央處理器CPU會幫我們進行處理運算（Process），然後透過螢幕面板顯示運算之後的結果（Output）。這個就是輸入（Input）、處理（Process）、輸出（Output）的流程，簡稱IPO。

　　輸入　　**處理**　　**輸出**

輸入處理與輸出

　　閱讀書籍就是對應在輸入階段（Input），接著透過我們的大腦思考理解（Process），我們會歸納成筆記或是寫作（Output），筆記跟寫作就是思考的成果呈現。

　　閱讀書籍（輸入）　　**大腦思考理解（處理）**　　**筆記跟寫作（輸出）**

趙周的《極簡閱讀》一書當中提到了：「閱讀本身也不能創造價值，理解和記憶知識都不能創造價值，改變行為才有可能創造價值。」例如：我們正在閱讀一本有關晨型人的書籍，一般我們會從閱讀書籍（Input）到思考理解（Process）到筆記歸納（Output），但是單純閱讀書籍跟筆記歸納，沒有辦法幫我改變成為晨型人，唯有透過改變生活習慣才有可能創造出晨型人的可能性；我們將輸出從之前的筆記歸納升級成，改變行為才能創造價值，並帶來力量。

知識管理三部曲

知識管理三部曲包括了，資料收集、資訊整理、知識產出。

Cloumn. 1 資料收集

在工作與生活中，我們常常會使用 Google 大神，輸入關鍵字，找尋我們需要的資料，或者是根據我們想要了解的主題，閱讀許多書籍、雜誌、報紙、期刊，深入了解該主題相關的資料內容，這個步驟稱為資料收集。

Cloumn. 2 資訊整理

接下來，從收集的資料中，篩選出適合我們使用的內容，可能是網路文章、統計數據或是書籍摘要內容。根據我們過去的背景知識，加以思考分類，排除不需要的資料，然後整理並放置到對應的電腦目錄，這個步驟稱為資訊整理。

Clownn. 3 知識產出

　　將整理之後的資料，依據我們想要分享的精華，精簡內化之後加以編排重製，透過 PPT 簡報製作、設計一頁懶人包、部落格撰寫文章，或者是在 Facebook 寫作、在 IG 或 YouTube 影片分享，或是上台演講分享。在工作與生活當中，讓更多的人了解我們想要分享的主題，這個步驟稱為知識產出。

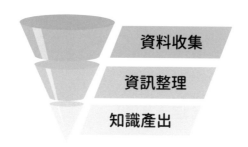

知識管理三部曲

Section 3 　　**知識管理三期待**

　　一般大眾對知識管理的期待有三點，包括如何收集資料、資訊分類管理、記憶知識內容。

　　如何收集資料：如何有效收集到需要的資料內容？我們可以善用工具外掛來收集。

　　資訊分類管理：如何分類整理成資訊供未來使用？我們可以運用檔案分類法來分類。

　　記憶知識內容：如何記憶知識以供未來工作運用？我們可以利用位置記憶法來記憶。

資料收集談輸入
PART 1: DATA COLLECTION

知識管理與策展

在佐佐木俊尚的《CURATION 策展的時代》一書當中，何飛鵬執行長提到了策展的定義「Curation = Content + Context + Comment + Conclusion」，策展人經過個人專業選擇，挑選策展內容（content），賦予關係連結（context），提出看法意見（comment），賦予意義結論（conclusion），這就是完整的策展。

而策展定義與知識管理的關係說明如下：

資料收集：挑選策展內容。

資訊分類：賦予關係連結。

知識產出：提出看法意見、賦予意義結論。

案例

▸ 報告題目：電信公司 5G 未來挑戰 SWOT 分析。

▸ 資料收集的內容（content）：電信公司所有與 5G 相關的資料。

▸ 資訊分類並連結（context）：將收集時找到的資料跟 SWOT 分析建立關係連結。思考這份資料可否用在我們的報告中。如果可以運用，這份資料則會保留下來；如果不行，這份資料則不會使用，接著再把留下來的資料加以分類處理。

▸ 討論並提出意見（comment）：進行小組討論，針對分類後的資料，提出報告的看法意見。

▸ 彙整結論並提案（conclusion）：彙整結論到簡報提案。

Section 2　**專案看板追進度**

我們在「1-5：彼此獨立不遺漏」（P.34）中提到了分類時要符合 MECE「彼此獨立，互無遺漏」的原則。在工作當中，不管是知識管理或是專案管理，我們都需要將資訊分類及進度分類。

在知識管理上，將從不同管道收集進來的資料，根據個人的背景、知識，將其分類到對應的位置當中。

在專案管理上，將專案任務根據流程拆解，了解目前工作任務進度到哪，後續需要採取哪些行動。

Cloumn. 1　看板開發法

在專案開發流程中，其中會用到的一種工具稱為看板（Kanban），它是一種視覺化的工作流程系統，可以看出每一個工作任務的進度

到了哪邊？哪個任務被卡住需要協助？每一個流程花了多少時間進行等。

看板開發法有三個流程，分別是：待處理（To Do）、處理中（In Progress）、已處理（Done）。

待處理：等待進行處理的流程任務。

處理中：正在進行當中的流程任務。

已處理：已經開發完成的流程任務。

TIPS 待處理的應用：資料可先放暫存區

在資料收集時，我們可以將各個管道收集進來的資料先放到一個暫存區域，再對應到看板當中的待處理區。例如：

◆ Mac 電腦當中會有「下載項目」目錄區。網路上下載的檔案圖檔可先放在此目錄，後續再處理歸納。

◆ Evernote 可以建立「資料暫存」記事本，網路上收集的資料可先放在這個記事本，後續再分類整理。

◆ Line 可以建立「個人收集箱」群組，其他群組看到要處理的代辦事項，有用的資訊都可以往這個群組裡放。

工具外掛收集快
COLLECT QUICKLY USING TOOLS AND PLUGINS

Section 1　快訊工具集時事

　　你的工作當中需要收集報章雜誌、網路時事、新聞報導資料嗎？有一個免費的工具叫做 Google Alerts 快訊，你只要在網址輸入 https://www.google.com/alerts 就可以進入它的頁面當中。

Google Alerts
快訊 QRcode

　　例如：我們對時間管理有興趣，只要在快訊當中，輸入「時間管理」，然後，每當網路上有跟時間管理相關的內容時，就會以選擇的頻率（一天或是一週）收到 Email 快訊提醒。

Cloumn. 1　搜尋快訊的方法

　　快訊它的設定有下面幾個項目：在搜尋欄位中，你可以隨意輸入你感興趣的主題、新聞，例如，「5G」，接著下方出現的快訊預覽，會出現最近跟你輸入主題相關的新聞。

　　在點選「建立快訊」按鈕之前，請先點選「顯示選項」按鈕，這可以控制你想接收訊息的頻率與細節。建議如下：

① 頻率：通常每週一次即可，除非你想及時掌握訊息，再提高接收頻率。

② 來源：包括網誌、新聞、影片、書籍等，這個選項保持預設自動即可。

③ 語言：取決於你想要關注、能閱讀的語言，可設定為中文繁體。

④ 地區：選擇你想要獲取資訊的國家來源，可以設定為不限地區。

⑤ 數量：針對興趣主題，可以選擇「最佳搜尋結果」。

⑥ 傳送到：要接收訂閱資訊的電子郵件信箱，如果有多個 Gmail，請選擇最常使用的。

　　我也會將授課的幾個主題，例如：「生涯規劃」、「知識管理」、「履歷」、「自傳」等，設定為快訊收集的相關主題。

TIPS Google Mail 跟 Outlook 的目錄分類功能

　　Google Mail 跟 Outlook 可以設定當郵件進入信箱之後，會自動分類到對應目錄。我們在「4-5：檔案目錄細命名」（P.126）中有分享目錄命名的規則，郵件目錄一樣可以使用這一種命名規則。

外掛套件擷網頁

在「5-3：數位筆記工作術」（P.146）中我們會介紹 Evernote 這一個數位工具，它除了可以做數位筆記之外，也是知識管理跟時間管理的好幫手。它有一個安裝在 Chrome 瀏覽器的網頁擷取外掛程式，叫做 Evernote Web Clipper，我們可以在網址欄位輸入 https://evernote.com/intl/zh-tw/features/webclipper 進行安裝後，再建立帳號，即可使用，而基本設定如下。

Evernote Web
Clipper 官網
QRcode

① 擷取格式：選擇你要擷取的格式，包括文章、簡化文章、完整頁面、書籤等格式。

② 組織：選擇你擷取的網頁要放在哪一個記事本當中。

當你瀏覽網頁時，想要儲存這個網頁，可以點選 Evernote Web Clipper 的圖示，進行網頁擷取以儲存網頁，並且儲存到記事本當中。

資訊分類話處理
PART 2: INFORMATION CLASSIFICATION

Section 1　**分類框架好歸納**

Cloumn. 1　電腦磁碟的分類框架

　　在過去桌上型電腦盛行時代，我們從商場買電腦回家之後，會因應個人工作上跟生活上的需求，依照比例需求將硬碟重新格式化，將硬碟區分為磁碟 C 跟磁碟 D 兩顆硬碟。

磁碟 C：系統程式區

是安裝微軟作業系統以及所有的應用程式軟體跟驅動程式。

磁碟 D：資料文件區

是存放個人工作、生活上需要的資料文件以及專案管理檔案。

　　系統程式跟資料文件這種分類方式就是一種電腦磁碟分類的框架。

Cloumn. 2　論文文獻的分類框架

　　APA（American Psychological Association）美國心理學會所發行的出版論文寫作格式，它的命名方式是：

作者姓名（出版年份）－文章名稱－學校名稱碩士論文

我們在寫碩博士論文時，會依據 APA 命名法命名我們的論文，只要根據這種命名規則，再整理論文參考文獻時，就很快可以整理排序完成資料。我們在論文參考文獻會根據中文文獻、英文文獻、參考網站等內容區分論文參考的文獻資料。

中文文獻、英文文獻、參考網站的這種分類方式就是一種論文文獻分類的框架。

Cloumn. 3 垃圾分類的分類框架

我們每天生活當中，食、衣、住、行、育、樂都會產生垃圾，一般來說，在家裡我們把垃圾分類為資源回收、廚餘、一般垃圾三類，並且分別送到資源回收車、垃圾車加掛的廚餘回收桶以及垃圾車當中。

資源回收、廚餘、一般垃圾這種分類方式就是一種垃圾分類的框架。

Cloumn. 4 年度計畫的分類框架

每年年底，我們都會制定下一個年度的年度計畫，會用人生幸福輪的八個面向家庭、工作、理財、學習、人際、健康、心靈、休閒制定年度計畫。

家庭、工作、理財、學習、人際、健康、心靈、休閒這種分類方式就是一種年度計畫分類的框架。

家庭	工作	理財
休閒	年度計畫	學習
心靈	健康	人際

　　我們可以根據工作上的專案需求，學習上的學習計畫、生活上的日常事務，定義適合我們的分類框架，以方便我們平時收集、選用、歸納。

建立分類儀表板

　　開車時，車子方向盤前方會有儀表板，告訴我們現在油量剩多少？車速目前多少？在生活當中，我們也可以建立我們專屬的儀表板，作為我們人生的目標導航。例如：我們可以用 X-mind 來繪製心智圖儀表板，把最常用的資訊全部整理到這個檔案當中。

例如：在儀表板中心主題下方可以有日常生活，閱讀學習，人生計畫等主幹。

日常生活底下包含投資理財，社團活動等枝幹。
閱讀學習底下包含主題閱讀，學習地圖等枝幹。
人生計畫底下包含年度計畫，個人品牌等枝幹。

枝幹說明：

投資理財：暸解個人收入支出資金流向。
社團活動：排定時間參加社團交流互動。
主題閱讀：挑選合適主題確認目前進度。
學習地圖：思考如何打造專屬學習地圖。
年度計畫：定期盤點年度目標適時調整。
個人品牌：檢視個人品牌規劃未來目標。

 ◆ 社團活動
　　定期盤點反思時，可參考「4-8：引導共讀讀書會」P.136。

◆ 主題閱讀
　　定期盤點反思時，可參考「3-2：主題閱讀深耕耘」P.87。

◆ 學習地圖
　　定期盤點反思時，可參考「3-7：學習地圖建架構」P.102。

◆ 年度計畫
　　定期盤點反思時，可參考「8-4：幸福之輪話寬度」P.234。

◆ 個人品牌
　　定期盤點反思時，可參考「6-4：個人品牌要定位」P.175。

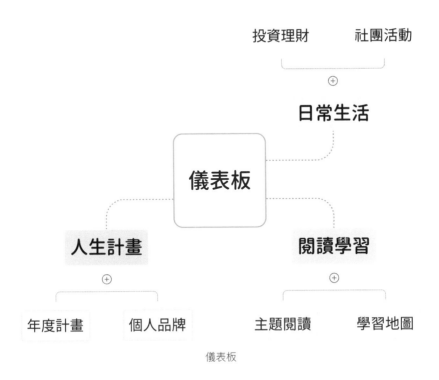

投資理財　　　社團活動

日常生活

儀表板

人生計畫　　　　　　　　閱讀學習

年度計畫　　個人品牌　　　　主題閱讀　　　學習地圖

儀表板

　　透過儀表板，可以依照分類連結不同格式的檔案，讓我們了解
目前進度，調整未來方向。

檔案目錄細命名
NAMING FILES AND DIRECTORIES

　　你的電腦桌面跟硬碟目錄,是否堆滿了滿滿的資料,不知道該如何分類?同事跟你要資料或是照片,常常要找很久才能找得到?其實,只要透過簡單的兩種分類技巧,就可以很快的找到你想要的資料。這兩種分類技巧分別是:屬性命名法跟時間命名法。

Section 1 **屬性命名法**

　　第一個命名法是叫做:屬性命名法。

Cloumn. 1 舉例:書籍的分類代碼

　　我們到圖書館時,都會看到書架上貼有書籍的分類代碼,000-900 的分類代碼,網路上有一首歌曲可以讓我們快速記憶分類。

　　0 呀 0,林林總總是總類—000 總類。

　　1 呀 1,一思一想是哲學—100 哲學類。

　　2 呀 2,阿彌陀佛是宗教—200 宗教類。

　　3 呀 3,山明水秀真自然—300 自然科學類。

　　4 呀 4,實際運用妙科學—400 應用科學類。

5 呀 5，五光十色是社會—500 社會科學類。

6 呀 6，六朝古都在中國—600 中國史地類。

7 呀 7，七大奇景世界遊—700 世界史地類。

8 呀 8，才高八斗說故事—800 語言類。

9 呀 9，音樂美術最長久—900 藝術類。

Cloumn. 2 | 實際應用：電腦資料分類

我們也可以將個人的電腦硬碟目錄，用 1-9 開頭的方式命名，再用該目錄的屬性命名。

例如：「1_ 證照認證」，「2_ 終身學習」，「3_ 知識管理」，「4_ 投資理財」，「5_ 影音學習」，尚未確認分類的檔案資料，可以放到「9_ 收集暫存」當中。

接下來，第二層目錄，可以依照屬性命名法繼續分類，例如：「1_ 證照認證」目錄下面，會有「11_PMP」、「12_PMI_ACP」專案管理類，「21_GCDF」職涯規劃類，「31_ITIL」資訊技術類等子目錄。如此分類，就可以快速找到資料。

Section *2* **時間命名法**

第二個命名法叫做：時間命名法。

Cloumn. 1 | 舉例：照片分類

這種方法可以運用在照片分類上。目錄第一層，我們一樣用屬性命名法分類。例如：「1_ 日常生活」、「2_ 社團活動」、「3_ 親子

活動」，接下來，第二層目錄，可以用年月日，再加上屬性命名法。

例如：2020/09/09 到花蓮員工旅遊，那麼目錄名稱就可以取「20200909_ 花蓮員旅」。我們再把所有花蓮員工旅遊的照片，都放到這一個目錄，未來我們在找照片時，我們就可以回想，大概什麼時間點到花蓮玩，這樣我們就可以從目錄的名字，很快找到我們當天去玩的照片。

Cloumn. 2 實際應用：工作目錄分層級

若在工作上會協助製作會議記錄，我們一樣可以用年月日加上屬性與版本命名法。

例如：2021/08/08 招開員工旅遊招商會議，檔案名稱就能以「20210808 員工旅遊招商會議會議紀錄」為開頭，並且在後方加上版本控管，例如：「20210808 員工旅遊招商會議會議紀錄 _v1.doc」，v 代表版本 Version、1 代表第一版。另外，目錄分層級時，盡量不要超過三層，會比較好找資料。

運用屬性命名法跟時間命名法這兩種方法，命名你的目錄或是檔案，相信很快就可以找到你需要的資料。

知識產出聊輸出

PART 3: KNOWLEDGE OUTPUT

Section 1 **解構連結與建構**

　　對照「4-1：知識管理三部曲」（P.112）中的說明，知識產出的過程會對應到解構、連結、建構三個階段。

解構　資料重點

使用 Google 大神找尋我們所需要的主題資料，閱讀書籍、雜誌、報紙、期刊，根據資料的內容解構我們所須的部分。

連結　過去經驗

從收集的資料當中，連結我們過去的背景知識，加以思考歸納分類，排除不需要的資料，篩選出適合我們所須的資訊。

建構　未來運用

依據我們想要分享的主題，將資訊精簡內化之後，加以重新建構產生出知識架構模組，透過不同管道分享、運用知識主題。

　　透過解構、連結、建構三個階段，將資料轉變成有用的知識。

迭代調整蟲變蝶

我們安裝在電腦上的應用軟體程式或是在手機上的 APP，起初會有一個測試 Beta 版程式上線，提供大家下載測試，上線之後，收集用戶或玩家在使用中遇到的問題來進行程式改版，累積足夠的使用者下載應用之後，收集大家常遇到的問題進行大幅度調整，推出正式版應用軟體程式，後續再推出第二版、第三版程式。系統上線、用戶使用、收集問題、改版程式就是一個程式更新的過程。

知識管理會經過資料收集、資訊整理、知識產出三個步驟，在知識產出之後，完成了一次知識管理的過程，將產出結果提供大家使用。在使用中，會發現有些不足或是可以更好的地方，後續就可以針對這些地方進行調整。

迭代調整是指透過知識管理三個步驟的過程，讓結果跟目的比前一次更好，更符合我們所須的應用，而這一次的知識產出就是下一次知識管理的基礎，藉由前一次的產出，調整、更新、轉換。

知識體系點線面

我們在「3-7：學習地圖建架構」（P.102）中，提到了使用主題閱讀建構個人學習地圖與知識架構，以下我將知識體系流程用下面五個步驟作進一步說明。

定義主題：透過閱讀行動黃金圈的「為何讀、如何讀、讀什麼」孵化並產出知識管理的主題。

解構建構：透過資料收集、資訊整理、知識產出來「解構、連結、建構」對應主題的內容。

實際應用：透過實際應用主題、知識建構整合的內容，來獲得「案例佐證、數據證明」成果。

迭代調整：透過持續連結「資料收集、資訊整理、知識產出」迭代調整修正對應主題內容。

體系整合：透過同領域不同主題關聯到不同領域，再進行整合，由點到線到面，建構完整知識體系。

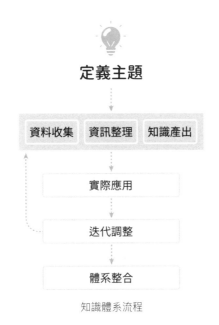

知識體系流程

透過定義主題、解構建構（資料收集、資訊整理、知識產出）、實際應用、迭代調整、體系整合五個步驟的架構體系，讓我們學習到的知識不再只是知識碎片，而是有系統化的知識體系整合。

論文寫作上手快
QUICK ESSAY WRITING

論文寫作五步驟

　　一般來說，論文可以分為質化研究跟量化研究兩種方式，質化可以用個案訪談進行研究，量化可以做問卷統計進行研究。以量化研究為例，論文寫作流程可以分為五個步驟進行。

建架構

我們把論文章節定義如下：論文緒論、文獻探討、研究方法、統計結果、結論建議等五章。附錄內容則是：參考文獻，問卷資料。

論文緒論：包括研究背景、研究動機、研究目的等相關內容。

STEP
01

文章節定義

文獻探討：根據論文主題、找尋對應文獻、進行研究與探討。

研究方法：包括研究設計、研究架構、問卷調查等相關內容。

統計結果：回收樣本統計、統計結果分析比較及假說驗證。

結論建議：包括研究結論、研究限制、後續研究建議等內容。

參考文獻：包括中文文獻、英文文獻、參考網站等相關內容。

問卷資料：包括問卷設計表單內容、問卷統計分析結果說明。

找文獻

02

可以使用 Google 學術搜尋（https://scholar.google.com.tw）進行搜尋，或是利用碩博士論文網（http://ndltd.ncl.edu.tw）找尋與自己論文主題相關的碩博士論文，再來利用 EndNote 整理相關文獻資料。

Google 學術搜尋 QRcode

碩博士論文網 QRcode

作問卷

03

與教授討論後，設計出論文當中與假說相關的問卷提問內容，利用 SurveyCake 網站製作表單，請論文主題相關受訪對象填寫。

SurveyCake QRcode

跑統計

04

問卷發放回收完成之後，透過 SPSS 等工具執行統計分析，萃取論文假說相關資訊。

寫內文

05

依照前面四個步驟，製作資訊圖表、歸納重要資訊，書寫在論文中。

論文寫作九四快

不管是就讀碩士或是博士，除了學習學校系所學分的知識外，在畢業之前，需要完成個人的論文研究撰寫。

論文寫作是另一種知識管理的過程，透過文獻探討、問卷設計收集資料；透過問卷回收、統計分析資訊整理；透過假說驗證、研究結論知識產出。我們可以運用兩種方式快速產出論文，包括心智圖工具 Mind Manager 與 Evernote。

方法 1 Mind Manager

STEP 01 以論文名稱建立心智圖中心主題。

STEP 02 根據每一章主題建立第一層主幹。

STEP 03 根據每章小節主題建立後方枝幹。

STEP 04 根據每一小節內容書寫內文 Note。

STEP 05 論文書寫完成後匯出成為 Word 格式。

STEP 06 調整排版為學校要求上傳至圖書館的 PDF 格式。

方法 2 Evernote

STEP 01 建立一個論文記事本。

STEP
02 根據章節名稱如「1-1_ 研究背景」建立記事。

STEP
03 根據每一小節內容發想書寫內文初稿。

STEP
04 根據每一小節內容增加圖表內容。

STEP
05 將論文每一小節內容，匯出成 PDF 格式。

STEP
06 依序合併 PDF 內容，上傳至學校圖書館。

　　因為論文在撰寫時，不是一個線性的流程，常常需要版面上大幅調整，使用 Mind Manager 跟 Evernote 的好處是可以快速搬移，也可以透過連結對應到相關圖表檔案跟參考文獻，可以快速撰寫論文。

引導共讀讀書會
BOOK CLUB FOR READING

> Section 1 **八個朋友讀書會**

　　我固定有參加讀書會的習慣，每隔兩週會閱讀一本書籍，每次透過帶領者兩小時的引導，學習到各式各樣的知識技能。讀書會的成員可以是同一個職務，例如人資團體；可以是同一個社團，例如國際英文演講協會；可以是三五好友呼朋引伴所組成的讀書會。

　　湯姆‧雷斯（Tom Rath）的《人生一定要有的 8 個朋友》一書當中提到了：「人一生需要的八個朋友：推手、支柱、同好、夥伴、中介、開心果、開路者、導師」，而在讀書會成員當中，你都會看到這些朋友的身影。

推手	支柱	同好
導師	八個 朋友	夥伴
開路者	開心果	中介

人生一定要有的八個朋友

有些朋友是同好，他們跟你有相近的興趣、共通的話題，無話不說。

有些朋友是中介，他們會幫你搭起橋梁，讓你得到自己想要的東西。

有些朋友是開心果，他們擅長找出正面的能量，讓你快樂遠離負面。

有些朋友是開路者，他們可以開拓你的視野，鼓勵你接受新的想法。

有些朋友是導師，他們可以給你建議跟剖析，讓你往正確方向前進。

Section 2　主題選書齊共讀

不管是「第三章：閱讀學習力」（P.83）或是「第四章：知識管理力」（P.111），我們都可以運用主題閱讀來增加我們對該主題知識的學習深度，透過引導共讀來擴展我們對該主題知識的應用廣度。

在主題選書方面，我們可以規劃一季一個主題，一年就有四個主題可以學習，例如，主題可以選擇：學習方法、職場成功、時間管理、大腦科學、說話藝術、人際關係、投資理財、簡報設計、人生哲學、生活指導等；在書單方面，可以大家一起提供意見，共同選書。

透過相同主題，不同書籍，解構連結建構知識。
藉由帶領引導，旁徵博引，深度學習主題智慧。
借助彼此共讀，彼此激盪，教學相長擦出火花。

Section 3　帶領共讀與共創

　　讀書會帶領人方面，我們可以規劃每次由不同人選帶領讀書會進行。在這邊分享三種帶領方式，你可以選擇合適你的方式進行讀書會。

方法1　帶領人引導

這一種方式，主要是帶領人分享，而參與者討論。帶領人事先會閱讀完整本書籍，將其重點整理在簡報當中，兩個小時由帶領人分享書籍內容；除此之外，會讓成員進行討論互動，將書中內容生活化、有趣化。

方法2　讀書會共讀

這一種方式，主要是讀書會共讀與參與者共享。讀書會可以根據參與人數與書籍章節分組，例如參加人數十人，書籍章節有五章，就可以兩人一組討論一個章節內容。參與者彼此分享章節重點、過去經驗及未來如何運用。

方法3　九四快共創

這一種方式，流程分為掃讀、分享、共創三個部分，可以用在熟悉九四快讀書法的朋友。

掃讀：透過九四快讀書法快速萃取出書籍當中的重點。

分享：參與者輪流分享書中閱讀到的重點與個人想法。

共創：透過便利貼結合曼陀羅思考法共創九宮格的內容產出。

CHAPTER 5

數位科技力
DIGITAL TECHNOLOGY

搜尋語法要牢記

GOOGLE SEARCH SKILL

　　如果你是教育工作者、研究人員、企劃人員，需要不定時收集相同主題的資料，這時你可以利用我們在「4-3：工具外掛收集快」（P.118）中提到的快訊 Google Alert，及網頁擷取外掛程式 Evernote Web Clipper 兩個工具，搭配以下我們要分享的 Google 搜尋引擎中使用的搜尋語法一起運用，提高工作績效。

Section 1　搜尋什麼 What

　　舉凡生活當中食、衣、住、行、育、樂，只要有想問的問題，我們都會上網搜尋。我們在「第一章：邏輯分析力」（P.13）中提到在思考時，我們會在心智圖或是曼陀羅九宮格上寫上關鍵字；而我們在搜尋網站上提問時，也可將我們想要提問的句子，拆解成關鍵字輸入搜尋網站的搜尋框尋找。

Google 搜尋
QRcode

Section 2　哪裡搜尋 Where

　　除了 google 搜尋引擎（http://www.google.com.tw）外，還可以使用進階搜尋（https://www.google.com.tw/advanced_search）。

Google 進階
搜尋 QRcode

如何搜尋 How

我們可以善用下面五種搜尋語法，能更快找到我們想要找的內容。

方法1 特定字詞尋找－" "

英文當中常會有多個英文字組成一個名詞，為了精準找出符合的內容，這時可運用" "語法。

語法："關鍵字 + 空格 + 關鍵字"。

案例：例如您正在搜尋商業模式資料，您可以輸入「"business model"」會比輸入「business model」更精準。

方法2 限定搜尋類型－ filetype

如果希望在搜尋時，我們可以查到其他人已經產製好的文件資料，這時可以運用 filetype 語法。

語法：關鍵字 + 空格 +filetype: 檔案格式。

案例：例如您正在搜尋網紅趨勢資料，您可以輸入「網紅趨勢 filetype:pdf」或是「網紅趨勢 filetype:ppt」。

方法3 限定特定網站－ site

如果您想要尋找到特定網站底下，符合關鍵字的相關文章內容，這時可以運用 site 語法。

語法：關鍵字 + 空格 +site: 特定網站。

案例：例如您想要尋找 inside 網站下跟數位行銷有關的內容，您可以輸入「數位行銷 site:www.inside.com.tw」。

方法4 限定標題查詢－ intitle

如果希望搜尋的結果能夠精準顯示想要的標題內容時，這時可以運用 intitle 語法，設定標題所含的關鍵字。

語法：intitile:+ 限定標題。

案例：例如您正在研究大數據議題，需要案例分析佐證，您可以輸入「intitle: 大數據案例分析」。

方法5 特定範圍區間－ ..

如果您想要尋找在特定範圍區間內，符合關鍵字的相關內容，這時可以運用 .. 語法。

語法：關鍵字 + 空格 + 區間 +..+ 區間。

案例：例如您想要尋找符合 2025 年到 2030 年的產業趨勢資料，您可以輸入「產業趨勢 2025..2030」。

方法6 去除關鍵字詞－ -

如果希望搜尋的結果能夠去除特定關鍵字詞的內容時，這時可以運用 - 語法。

語法：關鍵字 + 空格 +-+ 去除字詞。

案例：例如您想要尋找非金融業的大數據資料，您可以輸入「大數據 - 金融業」。

行政流程數位化

DIGITIZATION FOR ADMINISTRATIVE PROCESSES

在日常工作當中，或多或少有都有一些行政事務流程，或是資料整理的相關事宜，我們可以透過網站工具或手機 APP，讓這一些行政流程數位化，就不會浪費太多的工作時間。

Section 1　　語音輕鬆轉文字

工作上，有時需要打逐字稿，或是暫時不方便打字。在智慧型手機的介面裡，只需一個按鈕就可以將語音轉為文字。網站方面，可以透過 Speechnotes（https://speechnotes.co/）或是 Google 文件將語音轉為文字；APP 方面，可以下載雅婷逐字稿 APP，可以同時將語音轉換成文字檔跟聲音檔。

Speechnotes
QRcode

Section 2　　圖片輕鬆轉文字

除了聲音之外，有時我們需要將圖片內容轉換成文字。我們可以進入 Line 的照相功能後，選擇轉換文字功能，就可以將圖片轉成文字。此外，也可以使用 Google 文件將圖片轉換成文字。

Section 3　合約文件轉圖片

　　過去，想要給客戶正式的文件，需要將文件印出後簽名，再傳真到對方公司，需要花費不少時間。

　　現在，可以不用到處找傳真機，只要透過 Microsoft Office Lens APP，將文件拍照後，就可以轉成圖檔，透過 Line 等通訊軟體就可以馬上轉給客戶。而且拍照之後，不像一般相機功能，會把桌子一起照進去，軟體會自動擷取文件大小轉成檔案，非常方便。

Section 4　紙本文件數位化

　　工作上，常常有許多紙本文件輸出，累積一陣子後，會沒有地方置放。我們可以透過「5-3：數位筆記工作術」（P.146）中的介紹，將紙本資料存入 Evernote 數位筆記當中。

Section 5　雲端空間好管理

　　根據 Google 的官方統計，近年來 Gmail 全球用戶人數已經超過十五億，也就是説每五個人就有一個人使用 Gmail 信箱服務。Gmail 預設有 15G 空間可以使用，如果你有工作上的需求，需要備份硬碟當中的檔案，可以在評估後，購買額外的 Google 雲端空間；此外，可以進入 Google 空間管理（https://one.google.com/storage）點選「釋出帳戶儲存空間」進入管理網頁，釋放硬碟空間。

Google 空間
管理 QRcode

Section **6** ## 檔案轉換好輕鬆

iLovePDF
QRcode

　　工作上，常常需要將 Microsoft Office 相關文件轉換為 PDF 檔案，或將 PDF 檔案合併、拆分或是加浮水印，這些功能都可以透過 iLovePDF 網站（https://www.ilovepdf.com/zh-tw）處理。

iLoveIMG
QRcode

　　自媒體行銷時，需要將圖片轉換成特定大小、特定格式，或是做圖片裁剪，這些功能都可以透過 iLoveIMG 網站（https://www.iloveimg.com/zh-tw）處理。

數位筆記工作術
DIGITAL NOTES WORKING TECHNIQUE

數位筆記第二腦

　　閱讀書籍、上課學習、工作完成後你有做紙本筆記的習慣嗎？你在找想要的資料時，是否有遇過翻了很多本筆記，卻找不到資料的狀況發生？或者是年代已久，當時的紙本紀錄已經模糊不清，難以辨識？或者是每一本筆記本格式不同，難以收納整理？

　　這個時候，我們可以改用數位筆記，將原本紙本筆記一步一步數位化，運用 Evernote 數位筆記來當我們大腦的外掛搜尋引擎。只要透過搜尋目錄、搜尋記事跟搜尋標籤，就好像是個人版的筆記 Google 一樣，馬上可以找到我們要的筆記資料。數位化後，搜尋資料所節省的時間，可以讓我們做更有價值的事情。

印象筆記三階層

　　英語裡有一句話說：「An elephant never forgets.」，根據這個說法，把大象當作記憶的標誌，同時也是 Evernote 的 Logo。Evernote 也稱為印象筆記。Evernote 裡總共有三個階層，第一個階層是堆疊、第二個階層是記事本、第三個階層是記事。

我們可以把自己想要記得內容，記在記事裡，用電腦的理論來講，記事就好像是一個類似 Notepad 文字檔案一樣，記事本可以想像它是一個目錄，堆疊可以想像它是一顆硬碟；我們在硬碟裡面有很多個目錄，在一個目錄裡面有很多個檔案。

- ▸ 階層 1：**堆疊**　硬碟
- ▸ 階層 2：**記事本**　目錄
- ▸ 階層 3：**記事**　文字檔案

另外一種比喻，記事就好像是一頁多媒體筆記，除了文字之外，還可以有照片、表格、超連結；記事本就好像一本書籍，將同一類的記事整合在一起；堆疊就好像是一個書架，將同一類的記事本擺在同一格書架當中。

- ▸ 階層 1：**堆疊**　書架
- ▸ 階層 2：**記事本**　一本書籍
- ▸ 階層 3：**記事**　一頁多媒體筆記

例如，小明目前在就讀 EMBA 碩士班課程，在學校會學到組織行為、財務管理、行銷管理、研發管理、資訊管理等課程。他可以在 Evernote 裡面，建立一個「EMBA

課程」的堆疊，在堆疊下面可以建立組織行為、財務管理、行銷管理、研發管理、資訊管理等記事本。接下來，則可以把相同屬性的記事，放在同一個記事本裡面，例如，小明要研究一個「電信業線上線下行銷案例」的主題，我們可能會在網路上，搜尋到很多跟電信業行銷有關的行銷文章，可以先將相關資料放在行銷管理的記事本裡面，這個就是 Evernote 的簡單應用方式。

▶階層 1：堆疊　　EMBA 課程
▶階層 2：記事本　　組織行為、財務管理、行銷管理、研發管理、資訊管理
▶階層 3：記事　　相同屬性的記事

Clounn. 1　其他運用

Evernote 可以應用在知識管理跟時間管理。

知識管理方面，Evernote 可配合 Evernote Web Clipper 的 Chrome 外掛程式將網頁資料存到 Evernote 中作為資料收集，另外可以配合記事本跟標籤、目錄作為資訊整理的運用，最後可以輸出成 PDF 檔案作為知識產出。

時間管理方面，我們可以結合子彈筆記，將每天的待辦事項，整理到 Evernote 當中，逐一完成；也就是把想的寫下來，把寫的做出來。

專案管理用看板

KANBAN BOARD FOR PROJECT MANAGEMENT

　　專案管理是為了達成專案的目的及滿足利害關係人的期望,運用各種知識、技能、工具在專案進行的相關需求上。專案管理總共分為十大知識領域,包括了整合管理、範圍管理、時間管理、成本管理、品質管理、人力資源管理、溝通管理、風險管理、採購管理、利害關係人管理。其中專案管理最重要的金三角包括,範圍管理、時間管理及成本管理。

Section　1　**工作分解結構**

　　工作分解結構(Work Breakdown Structure,簡稱 WBS)是專案規劃當中最基礎的項目,可以用來估算時程、成本、人力。

　　工作分解結構根據產品或是服務進行展開;展開的第一層是專案的生命週期,如果以課程訓練來說,可以分為需求評估、課程規劃、課程實施、成果驗收;展開的第二層是八十小時以內的可交付成果。我們在「4-2:資料收集談輸入」中提到看板開發法有三個流程,分別是:待處理、處理中、已處理,可以用來監控工作分解結構展開後的工作細項及進行的進度。

運用心智圖法規劃看板開發法

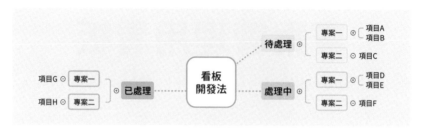

看板開發法

運用心智圖法規劃看板開發法，總共有五個步驟。

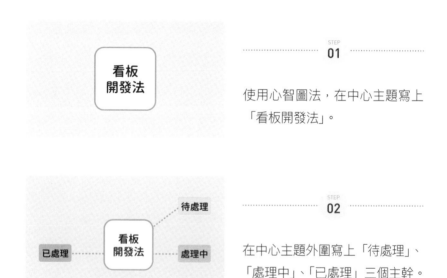

在三個主幹下面，寫下目前進行中的專案名稱。

在三個主幹對應的專案枝幹下面，寫下目前進行中的工作分解結構工作細項及預計時程。

STEP
05
定期每天或是每週，根據工作進度的狀態，調整心智圖相關工作細項的內容位置。

Section 2 **專案管理好工具**

　　你可以運用 Trello 應用軟體做個人時間管理、社團經營管理、專案流程管理。你可以根據下面幾種方式來分類列表。

代辦事項分類

例如：個人的待辦事項可以分為待處理、處理中、已處理列表。

組織分工分類

例如：社團的組織運作可分為活動組、行銷組、公關組、訓練組、資訊組列表。

工作流程分類

例如：專案的系統開發可分為需求訪談、系統分析、程式撰寫、單元測試、系統上線列表。

每個列表當中，可以新增目前進行中的工作分解結構展開後的工作細項卡片；卡片當中可以新增說明描述，指定負責人員；新增待辦清單，指定任務截止時間；新增卡片相關附件。

Cloumn. 1 │ Trello 應用軟體的好處

使用 Trello 應用軟體的好處說明如下：

可視化

專案管理時，將工作內容可視化，讓專案人員了解目前的進度。

好追蹤

每張卡片當中。都有負責人員與代辦事項，可以了解目前狀態。

同協作

團隊成員可以共同登入應用軟體進行作業，共同協作管理專案。

此外，你也可以下載 Chrome 外掛 GoodGantt，在 Trello 當中進行甘特圖繪製。

簡報設計三部曲

TRILOGY ON SLIDE DESIGN

不管是行銷企劃、業務銷售、專案簡報等工作都需要提案與簡報能力，而一個好的簡報設計包括了：思考力、知識力、設計力三部曲。

Section 1 **思考力釐清需求**

Cloumn. 1 訂定簡報目的

一場好的企劃型簡報，可以幫助公司獲得資金；一場好的報告型簡報，可以讓成果績效獲得肯定；一場好的演講型簡報，可以影響人心改變信念。

簡報報告的目的不同，簡報準備的內容就會不同，當確認要上台簡報時，第一點要先確認的是簡報的目的為何？為何要上台簡報？簡報的主題是什麼？

Cloumn. 2 分析目標聽眾

確認完簡報目的之後，接下來，要確認簡報聆聽的對象是誰？同樣一個簡報主題，對象是工作夥伴，或是高階主管？對象是學校同學，或是學校老師？

目標聽眾不同，他們已知的先備知識不同，想要了解的內容不同，準備簡報就會不同。所以要站在聽眾聆聽的角度，換位思考釐清需求。

我們可以運用「1-6：邏輯思維金字塔」（P.37）中的架構方法，使用便利貼法跟金字塔架構發想簡報的內容。

STEP
01 發想：將腦中想法寫在便利貼上，一個想法一張。

STEP
02 分類：將想法重複的部分排除，將便利貼分門別類。

STEP
03 排序：調整修改順序，擬定草稿，架構簡報章節。

Section **2** **知識力收集資料**

Cloumn. 1 累積資料內容

透過思考力釐清需求之後，有了簡報架構跟觀點論述，這時候，就需要資料的佐證。在工作當中，許多的資料是要靠平時的累積與整理；因此，在「第四章：知識管理力」（P.111）中分享的資料收集及資訊整理就顯得格外重要。

Cloumn. 2 濃縮重點內容

根據簡報的目的與聽眾，篩選、拆分、排序我們要放入簡報中的內容。

01 篩選：根據目的篩選可使用的資料內容。

STEP
02 拆分：將過於複雜資訊，加以拆解分類。

STEP
03 排序：排列簡報報告順序，呈現素材內容。

Cloumn. 3 用資料說故事

　　企劃型簡報需要資料說明及現況分析；報告型簡報需要資料說明及前後比對；提案型簡報需要資料說明及效益評估。我們可以運用「2-7：資訊圖表視覺化」（**P.75**）中的資訊圖表，用知識管理所累積的資料說故事。

Section 3　設計力設計美化

　　簡報格式一致：簡報投影片格式一致，聽眾的記憶會比格式不一致時高。

　　排版配色吸睛：配色善用同色系或近似色，加上萬用灰、黑、白中性色。

　　凸顯資訊內容：根據簡報目的篩選內容，增強符合目的資訊，減弱雜訊。

　　善用免費資源：網路上有許多免費版權的照片及圖庫，可以多加運用。

　　引用高清圖片：在圖片運用上，可依據簡報內容，尋找符合情境的高清圖片。

遠距工作無距離

ZERO DISTANCE WHEN REMOTE WORKING

　　這兩年，因爲受到 Covid-19 疫情的影響，越來越多的上班族需要在家工作（Work From Home，簡稱 WFH）；在校就讀中的學生停課不停學，需要在家遠距線上聽課學習；此外，有些朋友的工作是在外地遠距工作，總公司或是公司同事是在不同的城市或是國家工作，常常需要透過視訊軟體與同事互動或是開會，線上視訊工具的應用自然地融入了工作與學習當中。

Section 1　**視訊軟體好互動**

① 直播型視訊軟體：例如 Facebook、YouTube，除了互動畫面之外，跟聽眾互動大多是採即時文字回覆。

② 會議型視訊軟體：例如 Google Meet、Zoom、Webex、VooV Meeting，可以讓 100 人同時同步線上視訊開會，除了文字回覆外，有些軟體支援分組、錄影等功能。

③ 平台型視訊軟體：例如 Microsoft Teams，可以跟 Office 365 辦公室套件完美結合，除了同步線上視訊開會之外，還可以同步協作編寫 Office 文件。

你可以選擇適合你遠距工作或是線上學習的視訊軟體，再來搭配白板 Jamboard、Mentimeter 做網路投票、Slido 做互動提問，讓會議跟課程效果更好。

協作軟體好工具

除了多種視訊軟體可供公司同仁開會之外，公司遠端運作也需要應用多種軟體工具。

專案流程管理

Trello 是一個有網頁介面和程式軟體的專案管理流程工具。

客服問題追蹤

Redmine 是一個網頁介面的缺陷跟蹤管理系統軟體工具。

專業知識共創

Evernote、OneNote、Notion 可以作為團隊工作資料庫。

雲端檔案共享

Google Driver、OneDrive、Dropbox 可以共享雲端檔案。

協作共用文件

Google 文件、試算表、簡報檔案可以多人檢視以及編輯。

線上數位白板

Google Jamboard、Miro 可以多人同時編輯，創意發想。

Section 3　**協作討論九宮格**

在「1-3：二階架構好應用」（P.24）中，我們分享了二階九宮格的應用，我們也可以在 Google Jamboard 上，使用二階九宮格進行企劃的討論及發想。

STEP
01　用簡報繪製九乘九的二階九宮格，將其儲存為背景圖檔格式。

STEP
02　進入 Jamboard，點選上方設定背景，選取九宮格背景圖檔，設定為白板背景。

STEP
03　選取 Jamboard 左方的便利貼，每個人使用不同顏色背景，進行小組討論發想。

STEP
04　將小組發想內容，依序填入二階九宮格對應位置，產出共同企劃內容。

Section 4　**實物投影即時性**

除了可以透過 Google Jamboard 互動之外，有時工作上需要實物操作或者是展示手機上的畫面功能。

實物投影軟體

可以在手機安裝 IPEVO iDocCam，電腦安裝 IPEVO Visualizer 做實物投影。

手機同步軟體

可以在手機跟電腦上分別安裝幕享這套無線投影工具做電腦手機畫面同步。

遠距面試好輕鬆

REMOTE INTERVIEW TIPS

　　不論是應徵海外工作的職缺，或是受到 Covid-19 疫情的影響，越來越多的公司捨棄實體面試改採遠距線上面試，我們可以透過「7-7：吸睛自傳有架構」（P.217），以及「7-8：履歷自傳需更新」（P.220）的盤點，整理出履歷以及自傳上的個人亮點，接下來，藉由「5-5：簡報設計三部曲」（P.153）中的分享，設計出面試所需要的特色簡報。

Section 1 **遠距面試前準備**

Cloumn. 1 確認遠距面試流程和細節

　　先與想要應徵公司的人資確認遠距面試相關流程與細節。

確認面試時間起迄

與人資確認面試的日期以及時間起迄，並且保留面試時間。

確認遠距面試方式

與人資確認，面試當天是用電話面試或是用視訊軟體面試？

確認遠距面試軟體

詢問當天是否使用特定軟體，如 Zoom、Meet、Teams 面試。

面試檔案試前提供

面試前一天，確認人資與面試主管收到自我介紹面試檔案。

電話面試

如果面試當天是電話面試，面試前須先做環境確認。

安靜環境無人打擾：確認面試當天是在安靜的環境下對話，不會受到外界干擾。

電話收訊測試正常：確認面試當天電話收訊的訊號良好，不會接收不到訊號。

智慧手機電源充足：目前手機幾乎是智慧型手機，面試前先確認電力是否充足。

視訊面試

如果面試當天是視訊面試，面試前須先做環境確認。

安靜環境無人打擾：確認面試當天是在安靜的環境對話，不會受到外界干擾。

網路連線測試正常：確認面試當天網路連線的訊號良好，不會中斷面試流程。

關閉無關應用程式：關閉不會用到的軟體，避免面試受到不會用到的應用程式干擾。

視訊語音測試設備：提前測試麥克風聲音是否正常？攝影鏡頭影像是否正常？

面試檔案播放測試：提前測試面試簡報播放是否正常？作品集播放是否正常？

提前上線設備測試：正式開始前十分鐘，與人資窗口測試連線設備是否正常。

背景乾淨第一印象：除了看見人，就是背景，可以選擇白牆或將環境整理好。

遠距面試中互動

服裝儀容形象加分

針對應徵的產業與公司，穿著正式得體的合適服裝面試。

眼睛角度對準鏡頭

眼睛角度對準攝影鏡頭，切換檔案時，確認對方是否有看到。

善用肢體態度自然

態度自然保持微笑，除了臉部表情，可以善用肢體動作。

保持專注切勿離題

線上互動容易分心，面試保持專注，回答問題時不要離題。

總結上述內容

面試前，確認好相關流程設備，與朋友多多練習面試提問；
面試中，大方自然地展現自己，讓面試官看到亮點與特色；
面試後，發送感謝信函給公司，謝謝面試主管與公司人資。

資訊安全停看聽

TRILOGY ON INFORMATION SECURITY

Section 1　**資訊安全五類別**

　　資訊安全簡稱為資安,它的目的在於保護敏感性資訊避免遭到修改損壞,因而衍生出對應的工具跟流程。一個組織的資訊安全,不光是只有網路安全而已,它還包括資產安全,人員安全及實體設備等各種不同的領域。

　　公司內部需要保護的資產類別,包含了資訊記錄、電腦系統、實體設備、基礎設施、實體區域等五個類別,都須造冊管理和稽核。

資訊記錄

　　包括操作手冊、業務流程、訓練手冊、制度文件等。

電腦系統

　　包括作業系統、應用系統、開發工具、套裝軟體等。

實體設備

　　包括電腦主機、機房設備、通訊設備、儲存設備等。

基礎設施

　　包括電力服務、空調服務、網路服務、電信服務等。

實體區域

包括管制區域、門禁管制、員工辦公室、主機控制室等。

Section 2 　資訊安全三要素

資訊安全的三個要素，包括了機密性（Confidentiality）、完整性（Integrity）、可用性（Availability）。

機密性C：確保資料受到妥善保護，只有經授權的人，才能允許存取資訊。

完整性I：確保資料的正確性，不會被人為意外或是蓄意改變資料正確性。

可用性A：確保經授權的使用者，在需要時，均可以獲得相關資訊或服務。

Section 3 　電腦資安要做好

平時在工作當中，要養成隨時做好資訊安全的習慣。

過濾電子郵件：注意電子郵件標題及附件，避免被社交工程郵件攻擊。

瀏覽網站提防：避免登入釣魚網站，被山寨版非法網站騙取帳號跟密碼。

作業系統登出：人要離開座位時，要鎖定電腦螢幕或是登出作業系統。

碎掉敏感資料：敏感性紙本資料，繕打錯誤或不用時，一定要碎掉。

隨時收好資料：人離開坐位，敏感性紙本要先收好，不可隨便放在桌上。

定期更換密碼：密碼不可以太過簡單，每隔九十天要定期更換電腦密碼。

電腦防毒更新：電腦安裝防毒軟體，定期更新病毒碼；定期掃描隨身碟。

應用系統更新：定期更新系統，不讓舊有版本漏洞，讓駭客有可趁之機。

專案資安檢測：開發專案完成，需要進行資訊安全檢測，以防駭客登入。

備份重要資料：公司進行中的專案重要資料，定期進行異地自動化備份。

Cloumn. 1　設定作業系統的登入密碼

在電腦登入作業系統密碼的設定上，可以掌握下面三個要素。

密碼長度與設定：密碼長度至少八個字元以上。大小寫英文、數字、符號混合使用。

避免簡單的密碼：不用個人身分證字號、電話、生日、電子信箱，以及重複連續的單字。

密碼保存與更新：密碼存放於高安全性的地方。至少每隔三個月定期更新一次密碼。

CHAPTER 6

品牌行銷力

BRAND MARKETING

搜尋排名靠優化
SEARCH ENGINE OPTIMIZATION

Section 1　搜尋引擎靠優化

　　SEO（Search Engine Optimization）的中文全名是搜尋引擎優化，透過搜尋引擎的運作規則來調整個人或是公司網站，提高網站在相關搜尋排名的方式。使用者搜尋時，往往只會看搜尋結果最前面的幾個連結網頁，所以不少網站都希望透過各種形式來影響搜尋引擎的排序，讓網站可以有優秀的搜尋排名。如果你是中小企業的中高階主管或是資訊單位主管，要讓更多的人找到貴公司的對外資訊，幫助企業獲利成長，就是要透過搜尋引擎優化來幫你打造公司品牌。

　　你可以登入 Google 網站管理員（ https://search.google.com/search-console/welcome ）的介面，設定 Google Search Console。系統會產生一組文字記錄，你可以透過網站管理人員的身分，設定在網站後台。完成後，你就可以登入後台，查看相關點擊資訊。

Google Search
Console 登入
QRcode

　概述：你可以看到 90 天內，網站被搜尋的曝光次數、點擊次數、平均點閱率等相關資訊。

　成效：你可以看到使用者用了哪些關鍵字查詢、關鍵字曝光跟點擊的次數、熱門網頁曝光跟點擊的次數。

換位思考關鍵字

　　不管是斜槓工作者或是微型企業主的網站，店家所設定的行銷關鍵字與消費者所要查詢的關鍵字，能完美結合就是好的關鍵字行銷。

Cloumn. 1　認識不同關鍵字

一般來說，關鍵字可以分為目標關鍵字跟長尾關鍵字。

目標關鍵字

搜尋量高但是不夠精準，例如：職涯；長尾關鍵字的搜尋量低但是比較精準，例如：MBTI 測驗。

長尾關鍵字

為一個關鍵字群體的稱呼，意思是說長尾不代表關鍵字的長短，而是降低流量關鍵字的流量加總之後，大於目標關鍵字的流量，針對這樣的關鍵字群體即稱為長尾關鍵字。

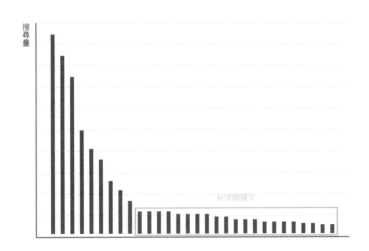

優化之所以為優化，是需要不斷的做更新，透過長時間經營讓搜尋的效果更好。網站可以透過下列幾個方面不斷優化。

內容優化

內容有品質：文章內容有深度而且不重複，照片清晰。

內容豐富度：除了文章、圖片還可加影片，內容多樣。

設定關鍵字：將長尾關鍵字融入網站文章，提升排名。

網站常更新：定期更新網站內容相關資訊，創造流量。

圖片優化

除了文章設定關鍵字之外，圖片也要優化，下面說明三種優化方式。

改圖片檔名：提供搜尋引擎快速判讀圖片，優化搜尋。

設替代文字：將長尾關鍵字放在替代文字，搜索方便。

加內容說明：增加文字說明了解圖片重點，圖文並茂。

我的商家打名氣
CREATE REPUTATION USING GOOGLE MY BUSINESS

Section 1　**Google 我的商家**

　　除了「6-1：搜尋排名靠優化」（P.166）中提到的 SEO 搜尋引擎優化之外，還可以透過 Google 我的商家（Google My Business，簡稱 GMB）設定店家的聯絡資訊，來提高店家的曝光率。

　　當消費者在 Google 搜尋網站上搜尋你的店家名稱時，頁面除了左手邊出現的搜尋結果的網站連結之外，右手邊還會出現公司的店家基本資訊，例如：電話、住址、營業時間、產品、評論等。右手邊版位不須付任何費用，所以是行銷公司 SEO 優化的必要工作之一。

　　此外，當消費者在 Google Map 搜尋你的店家時，左手邊會出現店家基本資訊，右手邊會將公司的位置顯示在地圖上方，讓客戶快速知道所在地點。

　　你可以登入 Google 我的商家（https://www.google.com/intl/zh-tw_tw/business/）註冊並且設定我的商家，依照網頁指示，依序填入店家資訊，例如地址、電話、業務類別等。一步一步建立商家資訊；完成後，可透過郵寄或是電話來驗證。

Google 我的
商家 QRcode

貼文功能

可以依活動新增優惠、最新動態、活動、產品。

資訊功能

可以設定公司營業時間、服務內容、公司介紹。

評論功能

可以查看回覆客戶的評論,讓客戶更了解公司。

相片功能

可以新增公司內部、公司外觀、公司團隊照片。

產品功能

可以管理公司產品、服務內容、讓客戶好搜尋。

服務功能

可以設定公司服務的類別項目,能設定不只一個。

Section 2 **提供服務有策略**

在我的商家當中,我們可以配合公司行銷活動進行一連串服務設定。首先,可在產品功能管理服務上架商品、在貼文功能舉辦活動吸引顧客、在資訊功能多重管道聯絡公司、在評論功能回覆評論提高排名。

產品功能

我們可以利用「1-7:企劃提案有策略」(**P.40**)中的說明,設計

規劃符合客戶的需求的公司服務以及商品。接著，透過我的商家的產品功能，做好商品分類、上架公司產品、管理所有產品。

貼文功能

根據促銷活動或節日檔期，配合公司產品屬性舉辦優惠活動，吸引顧客購買公司服務以及商品，且可以更新最新動態讓客戶了解公司最新消息，累積忠實粉絲。

資訊功能

客戶透過 Google 搜尋，可以看到我的商家版面。在版面當中可以看到營業時間等基本資料；透過連結可以連到公司網站；透過電話可以了解公司進階服務；透過行車路線可以快速找到到達公司的行進路線。

評論功能

客戶可以上網評論留言，評論無法被店家刪除，顧客也無法匿名評論。我的商家的評論越多、越正面、獲得的星星數越高，店家的排名就會越前面，如果可以使越多到訪過店家的顧客撰寫評論，對公司曝光是很有幫助的。

整體而言，透過 Google 我的商家的服務，可以增加公司名氣，提高店家營業收入。

官方帳號塑品牌
ESTABLISH YOUR BRAND USING LINE@

Section 1　品牌情感創商機

馬汀‧林斯壯（Martin Lindstrom）的《小數據獵人》一書當中提到了：「每個成功的品牌所代表的不只是品牌本身，還有某樣東西：情感。偉大的品牌許諾了希望，是酷勁、渴望、愛情、浪漫、接納、奢華、年輕、世故或優良技術的保證。」

例如，3C 大廠華碩，它的中文命名以「華人之碩」為期許，它的精神是永不懈怠、追求卓越的精神；鑽石是進入婚姻的象徵，De Beers 的經典廣告台詞「鑽石恆久遠，一顆永留傳」，它代表著愛情與浪漫的精神。

而你的公司的品牌價值是什麼？希望帶給客戶的情感又是什麼？如果你還沒有一個確切的定義，哪麼你可以用「6-4：個人品牌要定位」（P.175）中的內容說明，將個人角色轉換為公司角度，做進一步的發想思考，並且從中找出交集的內容成為公司的品牌標籤。

官方帳號塑品牌

不論你是公司行號、自由工作者或是個人工作室,你都可以在手機上下載 Line Official Account APP 應用程式,建立個人的 Line@ 專屬官方帳號。

Cloumn. 1 Line@ 帳號分類

Line@ 帳號分為灰色盾牌、藍色盾牌、綠色盾牌三種帳號。

灰色盾牌 一般帳號

不需要審核,如果你是自由工作者、微型企業主,都可以註冊一般帳號。

藍色盾牌 認證帳號

審核通過企業,如果你是公司行號、商家組織的經營者都可以申請認證。

綠色盾牌 企業帳號

付費版官方帳號,由 Line 公司主動邀請積極經營好友的帳號。

TIPS 不同 Line@ 類別的功能差異

◆ 如果你是灰色盾牌商家,每個月會有 500 則免費訊息則數可以發放。

◆ 如果你是藍色跟綠色盾牌商家,好友可以透過搜尋關鍵字或是輸入店家名稱,快速找到商家。

Line@ 的主要功能說明如下：

群發訊息：當公司有最新消息、促銷活動或是文章分享時，都可以透過群發訊息通知好友。

加入好友歡迎訊息：你可以修改歡迎訊息，與第一次登入官方帳號的會員進行好友互動。

自動回覆訊息：當用戶與 LINE@ 對話或輸入關鍵字時，系統可以自動推送預設訊息。

優惠券：你可以配合促銷活動，設計不同方式的優惠券，提高好友參加活動的意願度。

集點卡：你可以設計集點卡，透過行動條碼掃描，提高顧客回購率，累積忠實會員。

加入好友：你可以透過行動條碼、網址、郵件、臉書 FB、Line 等方式邀請好友加入。

圖文選單：當使用者點選特定區塊時，就會收到自動回覆訊息或是引導到特定網頁。

透過官方帳號的建立，你可以打造公司品牌價值，吸引累積忠實粉絲。

個人品牌要定位

POSITIONING YOUR PERSONAL BRAND

Section 1　　**個人品牌執行長**

在前面三個小節當中，我們分享了公司行號透過數位工具塑造品牌、打造名氣；但不只是公司行號需要做自我品牌定位，不管是是自由工作者、個人工作室或是微型企業主，如果你希望很多人可以認識你，讓你提供服務或產品，或者是你想要發揮個人影響力，都可以做個人品牌定位。

你的名字就是你的個人品牌，而每一個人都是個人品牌公司的 CEO。當你認識一位新的朋友時，你會如何介紹自己呢？如果用三個標籤來介紹你，你會用哪三個標籤定位你自己？我們可以用「1-3：二階架構好應用」（P.24）中分享的技巧，來尋找個人的三個專業標籤。

STEP
01　畫一個九乘九的九宮格。

STEP
02　正中間九宮格中央，寫上思考主題「個人品牌定位」。

STEP
03　正中間九宮格外面八格，寫上八個想要思考的方向，例如：專業能力、興趣嗜好、人脈關係等。

STEP
04　將中心九宮格外面八個小主題，分別寫到外面八個九宮格的正中央。

STEP **05** 外面八個九宮格，分別根據中心小主題，分別再做一次發散式思考。

STEP **06** 尋找九宮格當中，是否有重複出現的標籤，就代表個人品牌定位。

Section 2　**個人品牌細盤點**

以我個人的範例來做說明，出了社會之後，① 我每年都會幫自己訂一個學習計畫，學習一個新的技能或是考取一張新證照，自我成長並且提升技能；② 除了白天工作之外，也會利用晚上時間，參加社團或是讀書會；③ 轉換成培訓講師跟職涯顧問之後，目前分享主題以職涯發展、資訊科技、思維邏輯為主；下面說明如何從二階九宮格的書寫，找到個人的定位標籤。

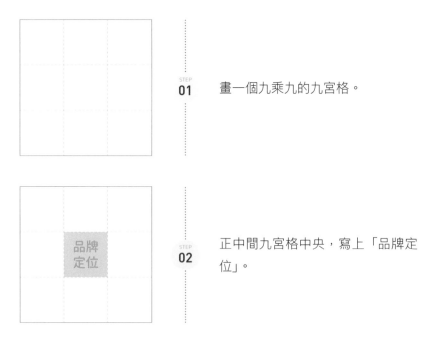

STEP **01** 畫一個九乘九的九宮格。

STEP **02** 正中間九宮格中央，寫上「品牌定位」。

職涯 發展	資訊 科技	思維 邏輯
證照 認證	品牌 定位	知識 管理
社團 活動	產業 經驗	自我 成長

正中間九宮格外面，寫上「職涯發展、資訊科技、思維邏輯、知識管理、自我成長、產業經驗、社團活動、證照認證」等八個小主題。

將中心九宮格外面八個小主題，分別寫到外面八個九宮格的正中央。

職涯 發展	資訊 科技	思維 邏輯
證照 認證	職涯發展　資訊科技　思維邏輯 證照認證　品牌定位　知識管理 社團活動　產業經驗　自我成長	知識 管理
社團 活動	產業 經驗	自我 成長

外面八個九宮格，根據中心小主題，分別再做一次發散式思考。

GCDF	能力卡	生涯卡	手機APP	簡報設計	知識管理	心智圖法	九宮格	九四快
網站工具	職涯發展	Holland卡	Ever-note	資訊科技	雲端工具	Ever-note	思維邏輯	閱讀技巧
履歷自傳	就業趨勢	目標管理	專案管理	論文寫作	社群行銷	六頂思考帽	創意思考	子彈筆記
GCDF	PMP	PMI-ACP	職涯發展	資訊科技	思維邏輯	手機APP	心智圖法	九四快
天生我才	證照認證	ITIL Found.	證照認證	品牌定位	知識管理	論文寫作	知識管理	九宮目錄
心智圖法	卡努那靈氣	臼井靈氣	社團活動	產業經驗	自我成長	簡報設計	專案管理	Ever-note
ITPM	希望園區	益師益友	資訊業	電信業	手機業	目標管理	專案管理	子彈筆記
Toast Master	社團活動	企業講師	服務業	產業經歷	紡織業	故事行銷	自我成長	閱讀技巧
開人礦	益讀	良師樹人	電子業	金融業	教育業	社群行銷	牌卡工具	心智圖法

尋找九宮格當中，是否有重複出現的標籤，就代表個人品牌定位。

GCDF	能力卡	生涯卡	手機APP	簡報設計	知識管理	心智圖法	九宮格	九四快
網站工具	職涯發展	Holland卡	Ever-note	資訊科技	雲端工具	Ever-note	思維邏輯	閱讀技巧
履歷自傳	就業趨勢	目標管理	專案管理	論文寫作	社群行銷	六頂思考帽	創意思考	子彈筆記
GCDF	PMP	PMI-ACP	職涯發展	資訊科技	思維邏輯	手機APP	心智圖法	九四快
天生我才	證照認證	ITIL Found.	證照認證	品牌定位	知識管理	論文寫作	知識管理	九宮目錄
心智圖法	卡努那靈氣	臼井靈氣	社團活動	產業經驗	自我成長	簡報設計	專案管理	Ever-note
ITPM	希望園區	益師益友	資訊業	電信業	手機業	目標管理	專案管理	子彈筆記
Toast Master	社團活動	企業講師	服務業	產業經歷	紡織業	故事行銷	自我成長	閱讀技巧
開人礦	益讀	良師樹人	電子業	金融業	教育業	社群行銷	牌卡工具	心智圖法

個人品牌二階九宮格

　　根據二階九宮格當中六十四個發想的內容顯示，跟專案管理有關的內容，如：PMP、PMI-ACP、ITPM、專案管理出現了六次；心智圖法出現了四次；九宮格有關的內容，例如：九宮格、九四快、九宮目錄出現了四次。所以專案管理、心智圖法、九宮格，這三個主題就可以成為個人品牌及在後續發展時的定位標籤。

個人品牌自媒體

SOCIAL MEDIA FOR PERSONAL BRAND

在「第七章：職涯規劃力」（P.193）我們會提到履歷與自傳的部分，除了透過 104 或 1111 等人力銀行網站找尋工作之外，我們還可以透過領英 Linkedin 跟蛋糕履歷 CakeResume 兩個網站上傳我們的個人履歷介紹。除了尋找工作之外，如果你是自由工作者或是個人工作室，這兩個網站都是很好的宣傳媒介。

Section 1　**商務領英找工作**

Cloumn. 1　領英 Linkedin

領英 Linkedin 是專業人士版的臉書 Facebook 版本。如果你是專業人士，你可以透過 Linkedin 拓展及經營商務上的人脈，發表專業文章藉此提升專業形象，並可以從網站上尋找合適的工作機會。如果你是公司人資，你可以透過 Linkedin 尋找適合公司的人才。

Linkedin
QRcode

你只要在瀏覽器輸入 Linkedin（https://www.linkedin.com/）並搜尋，就可以進入 Linkedin 網站，並針對個人背景、人脈等進行新增及編輯。

⑴ 個人簡介：你可以輸入你的自我介紹、亮點特色、特殊事蹟、個人網站及聯絡方式。

⑵ 工作經歷：你可以由近到遠輸入各個工作經歷的公司名稱、職位、年資起訖及說明。

⑶ 教育背景：你可以由近到遠輸入各個教育背景的學位、學校、科系說明及多媒體。

⑷ 資格認證：你可以輸入多個證照名稱、發照單位名稱、證照有效起訖日及證照編號。

⑸ 個人成就：你可以輸入出版作品、獲頒專利、執行專案、榮譽獎項、測驗成績等成就。

⑹ 人脈：透過人脈功能，你可以跟產業人士、學校校友、人氣會員、通訊錄成員建立人脈。

⑺ 職缺：透過職缺功能，你可以上傳個人履歷檔案，或透過公司刊登尋職缺尋找合適的職務。

蛋糕履歷 CakeResume 是一個製作免費履歷的工具網站，在瀏覽器輸入蛋糕履歷（https://www.cakeresume.com/）並搜尋，就可以進入 CakeResume 網站。網站會逐步引導你輸入基本資料、學歷、經歷等個人檔案資料。

CakeResume
QRcode

在網站上，你可以製作履歷、作品集、應徵公司刊登的職缺；在製作個人履歷時，你可以選取自己喜歡的模板，或是先觀摩別人做好的精選履歷範本，之後，再設計出個人的履歷作品。

透過「7-7：吸睛自傳有架構」（P.217）跟「7-8：履歷自傳需更新」（P.220）兩個小節的盤點，我們可以整理出履歷自傳上的個人亮點，接下來，就可以透過 CakeResume 的網站介面，設計出個人的專屬履歷。

在設計履歷時，可以用拖拉的方式（如圖二），從頁面右側拉出想要的模板，有些模板區塊適合放大頭照跟自媒體、有些模板區塊適合放專業技能、有些模板區塊適合放工作經歷、有些模板區塊適合放教育背景、有些模板區塊適合放專案作品、有些模板區塊適合放多媒體。你可以運用這些模板組合出擁有個人特色的專屬履歷。

圖二

社群經營多管道

MULTI-CHANNELS FOR SOCIAL MEDIA MARKETING

Section 1 **善用專長選平台**

　　如果你的身分是講師顧問、自由工作者或是個人工作室，除了前面提到的個人網站、Line@ 官方帳號、領英 Linkedin、蛋糕履歷 CakeResume 等自媒體之外，你還可以善用 YouTube、臉書 Facebook、Instagram、Clubhouse、部落格 Blog 等自媒體深耕優質內容，打造個人品牌，發揮意見領袖影響力。

　　如果你擅長聲音表達能力，你可以善用 Clubhouse 平台。
　　如果你擅長文字書寫能力，你可以善用 Blog、Facebook 平台。
　　如果你擅長圖片設計能力，你可以善用 Instagram、Facebook 平台。
　　如果你擅長影音製作能力，你可以善用 YouTube、Facebook 平台。
　　如果你擅長直播行銷能力，你可以善用 YouTube、Facebook 平台。

Section 2 **社群經營多管道**

Cloumn. 1 YouTube

　　全世界最大的影音分享平台，你可以善用爆紅短片做病毒式行銷，或是累積忠實粉絲，用網路流量創造獲利來源。

如果你是舞蹈愛好者，你可以分享你在舞蹈研發的課程，成為舞蹈網紅。

如果你是商品設計者，你可以分享特色商品介紹的教學，成為產業達人。

Cloumn. 2 Facebook

簡稱 FB，可以建立粉絲和社團的社群軟體，主要以純文字或圖片貼文為主，影片分享為輔。Google、Facebook、YouTube 是網路上的前第三大公司。

如果你是個人工作室，你可以分享你的成果作品的說明，累積忠實粉絲。

如果你是非營利組織，你可以分享你的經營組織的理念，累積支持會員。

Cloumn. 3 Instagram

簡稱 IG，可以提供圖片及限時動態分享的社群軟體，是時下年輕人最喜愛的平台之一。你可以善用 #HashTag 來做標籤行銷增加曝光。

如果你是髮型設計師，你可以分享設計前跟設計後的差別，吸引顧客上門。

如果你是閱讀愛好者，你可以分享閱讀前跟閱讀後的收穫，打造優質資訊。

近期竄起的純語音社群軟體，主要以語音分享為主。你可以定期分享主題式內容，例如閱讀、職涯、音樂、身心靈等主題。

如果你有固定讀書會，你可以邀請對書籍有興趣的同好，一起聊聊不同書籍。

如果你是專業主持人，你可以邀請各式各樣主題的專家，一起談談各類主題。

主要以文字分享為主，你可以透過文章寫作發表，讓更多人認識你的專業；透過定期發文，深耕優質內容，發揮個人影響力。

如果你是知識工作者，你可以分享你在專業領域的知識，成為專業人士。

如果你是文字愛好者，你可以分享你的所知所見的趣聞，成為意見領袖。

五感體驗寫文案
COPYWRITING USING FIVE SENSES

Section 1　五感體驗動人心

　　不管你是中小企業、公司行號，還是個人工作室、自由工作者，在「第六章：品牌行銷力」（P.165）中，我們分享了如何塑造品牌及自媒體社群行銷的工具跟觀念。有了硬體平台及行銷工具後，接下來，就要有軟性的產出，例如：實用影片教學、上傳吸睛圖片、分享故事文章等內容來做後續的品牌經營與累積。

　　除了「2-7：資訊圖表視覺化」（P.75）中提到的，可以運用資訊圖表讓客戶看到未來趨勢與比較差異之外，我們還可以放上影片、照片、文宣，並且運用五感體驗的觸動文字，讓客戶產生想要進一步購買商品的衝動跟慾望。

Cloumn. 1　五感介紹

　　五感包括了視覺、聽覺、嗅覺、味覺、觸覺等五種身體的感覺。國際品牌大師馬汀・林斯壯（Martin Lindstrom），在他的著作《Brand Sense》中整理出了關於五感的研究，並提到「五感的感受重要性：視覺訊息＞嗅覺訊息＞聽覺訊息；而當視覺訊息加入合適的聽覺訊息之後，會比單純的視覺訊號有效十二倍。」這也是為何文案中要加入一種以上的五感體驗的原因，也有其重要性。

假設你是餐飲業的小型店家，也可利用五感體驗做好客戶行銷。

視覺

餐廳門外，擺設食物成品模擬物，讓人看了想要食指大動。

聽覺

進入門口，開始聽到輕柔音樂，讓人心情放鬆，想要久坐。

嗅覺

走進店裡面，散發出濃濃的咖啡香味，讓人想點一杯飲料。

味覺

餐廳的主廚提供可口而且衛生的餐點，吸引顧客上門消費。

觸覺

小朋友一日職涯體驗，擔任小小廚師，建立社區友善形象。

Section 2　**故事表達寫文案**

故事當中都會有主角、背景、情節三個元素，我們可以運用「2-5：水平垂直想標語」（P.66）中提到的垂直思考跟水平思考，來發想故事文案中三個要素的架構，以及內容，並將文案放入五感體驗元素。

此外，在奇普・希思（Chip Heath）跟丹・希思（Dan Heath）合著的《創意黏力學》一書中提到了：「一個有黏力的故事要有六個原則：簡單、意外、具體、可信、情緒、故事。」我們可以將黏力六個原則融入心智圖的發想過程。

運用心智圖法發想五感體驗的故事文案，總共有五個步驟。

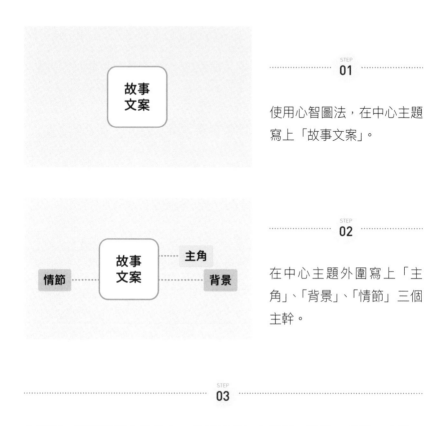

STEP
01

使用心智圖法，在中心主題寫上「故事文案」。

STEP
02

在中心主題外圍寫上「主角」、「背景」、「情節」三個主幹。

STEP
03

在背景，情節兩個主幹後方，依據故事加上視覺、聽覺、嗅覺、味覺、觸覺等支幹。

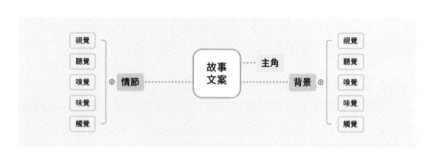

STEP
04
在每個支幹下面，根據垂直思考、水平思考，以及黏力六個原則，發想相關五感體驗內容。

STEP
05
將枝幹細節發想的內容，根據關鍵字轉成句子，再組合成故事文案。

案例

飛越一萬公里的甜點師夢想

主角：小芬

背景：住家樓下有法式餐廳

情節：

　　小芬小時候住家樓下有一家法式餐廳，每一次廚師端出的甜點，樣式都很吸睛（視覺），除了甜點的外觀之外，吃下口之後，口味更加讓人讚不絕口（味覺）；因此小芬從小便立志成為一位甜點師傅。

　　大學時，她透過打工存了一筆錢，等完成大學學業之後，飛越一萬公里，到法國參加藍帶課程，從甜點的基礎手法跟技巧開始學起，一步一步完成她的夢想，築夢踏實。

品牌行銷增粉絲
BRAND MARKETING TO INCREASE FANS

Section 1　品牌行銷七心法

在個人品牌打造與社群經營行銷上，分享個人的七個經驗心法：品牌定位、勇敢向前、平台確認、工具學習、主題設定、跟緊時事、持續更新。

Cloumn. 1　品牌定位

「華碩品質，堅若磐石。」一句公司的形象廣告金句，可以讓客戶了解公司的品牌定位。而在你的個人品牌經營的路上，你希望帶給客戶的定位是什麼？

以我個人而言，我的角色是培訓講師及職涯顧問，希望可以傳播分享知識與陪伴個案前進，所以我的個人品牌定位是：「在職涯跟學習旅程，成為陪伴你前行的推手。」

Cloumn. 2　勇敢向前

不要因為要求完美主義，害怕製作影片、設計文宣，或是撰寫文章不夠完美，而沒有進行個人品牌行銷。有一句話說：「不用很

厲害才開始,要先開始才會很厲害。」在個人品牌行銷的過程中,是一天一天堆疊成長的;是靠經驗累積逐步完善的,只要勇敢向前,才能累積好的作品出現;只要勇敢向前,有持續累積才有會奇蹟。

Cloumn. 3 | 平台確認

　　YouTube、Facebook、Instagram、Clubhouse、Blog、網站等不同類型社群平台,你是否有調查並了解過你的客戶大部分會在什麼時間使用平台?會在哪一個平台上面出現?你是否有在該平台上面展現你的專業與成果?透過社群平台經營行銷,讓大家進一步認識你。

Cloumn. 4 | 工具學習

　　平台確認之後,你是否有經營與維運社群平台的能力?例如:你想要製作影片放在 YouTube 上,就要了解手機拍攝技巧、影片後製剪輯、影片字幕後製、平台軟體操作等技能。網路上有許多工具教學影片,外部訓練單位也常常開社群經營課程,可以滿足你維運學習的需要。

Cloumn. 5 | 主題設定

　　在你個人的專業領域上,找出三個你熱愛的內容作為主題,例如:旅遊、美食、生活等,並設計與平台對應的影片、圖片、文字

等行銷內容。觀察這三個主題後續受客戶喜愛的程度，再來調整後續產出。以我個人而言，我的主題就會是思維邏輯、資訊科技、職涯規劃等三個主題。

| Cloumn. 6 | 跟緊時事

時事跟新聞是最受歡迎的主題之一，除了自己個人專業的主題之外，也可以結合時事與新聞進行品牌行銷。例如：你的主題是美食，最近的時事是疫情在家工作（Work From Home，簡稱 WFH），你的文案就可以結合美食跟在家工作，分享「受疫情影響，如何每天在家吃得健康美味？」

| Cloumn. 7 | 持續更新

在不同社群平台上面，定期、定頻的穩定持續更新。例如：可以每週定期放一則三分鐘職涯小教室音檔在網站上；或是週二跟週四，每週在 YouTube 頻道上放兩則五分鐘短片，介紹最新數位科技小新知；或是每個週末寫一則一千字短文，介紹好書讀後心得。

CHAPTER 7

職涯規劃力

CAREER PLANNING

職涯規劃力 CAREER PLANNING

知己知彼做抉擇

FOUR FEATURES IN CAREER PLANNING

Section 1 **生涯規劃四要素**

　　個人擁有 GCDF 全球職涯發展師證照，會在大專院校與職涯顧問機構等單位，協助來訪個案做一對一職涯諮詢，透過一到四次面對面諮詢服務，協助個案探索方向、釐清需求、擬定目標與行動計畫。在生涯規劃上有四個要素可以協助個案釐清未來方向：第一個要素包括了知己與知彼、第二個要素是抉擇、第三個要素是目標、第四個要素是行動。

生涯規劃四要素

要素一：知己與知彼

第一個要素是知己與知彼，知己包括興趣、能力跟價值觀；知彼包括產業、公司與職務。

一對一諮詢時會使用職涯牌卡，讓來訪者更了解自己的能力、興趣跟價值觀，在 104 職涯診所指定回答時，也會根據提問內容盤點提問者目前的能力跟興趣，協助個案看到個人的亮點。在了解知己之後，繼續陪伴晤談者了解知彼方面的職業工作世界，協助來訪者找到三個心目中理想的工作方向。

要素二：抉擇

第二個要素是抉擇，可以運用心智圖法的雙值分析來帶領來訪者規劃個人的職涯地圖，讓上課學員或是來訪的諮詢者思考及抉擇未來的方向與目標。

在抉擇思考之後，確定了短（半年）、中（一到三年）、長期（五年）目標。

要素三：目標

第三個要素是目標，可運用曼陀羅九宮格思考法中的二階九宮格，發散式思考五年後自己的夢想狀況，透過目標管理逐步拆解，將大目標切分成小目標，並將目標畫面可視化，再透過時間管理的技巧，將目標以終為始，落實在每一天當中，並確切執行，逐步完善。

要素四：行動

第四個要素是行動，在這裡提到大家可以運用的技能是簡報設計，影音製作與履歷自傳等相關技能。透過簡報設計整理過去自己

的學經歷與成果，透過影音製作像是 YouTube、小影等工具結合簡報製作整理個人的作品集，透過履歷自傳呈現最棒的書面資料與電子履歷，可在面試時表現最棒的自己。

在 104 履歷診療室的平台上，也會協助提問者檢視履歷跟自傳，提供相關如何調整可以更好的意見，讓提問者的履歷可以被企業人資看見。

Section 2 晤談案例細分享

小志（化名）就讀南部大學，主修電機，但因為興趣，而自學程式語言，前來晤談時，想要轉換跑道往機器人領域發展。

第一次晤談：透過興趣牌卡，找到了三個工作方向，包括韌體工程師、機器人工程師與導遊，配合能力與價值觀的分析，排除了導遊的可能性。

第二次晤談：帶領晤談者找尋南部有哪一些機器人相關公司；盤點目前可移轉能力，包括了電機背景，c++ 跟 python 程式語言，但是若要往機器人公司，還需要培養的能力有哪一些？

第三次晤談：以終為始，若半年後要轉換公司，清點出來這半年要培養能力的先後順序有哪一些？有哪些管道可以學習？

第四次晤談：協助釐清目前來訪者，有哪一些亮點與特色可以寫在履歷自傳上。

職涯顧問會透過知己與知彼、抉擇、目標、行動職涯發展四要素協助來訪者突破目前困境，向前邁進。來訪者也需要針對外在VUCA 環境隨時調整，做好未來準備。

能力興趣價值觀

ABILITY, INTEREST AND VALUE

　　在前面「7-1 知己知彼做抉擇」（**P.194**）中提到了知己包括興趣、能力跟價值觀。以下我們將針對三者做進一步說明。

Section 1 ｜ **知己細項說明**

Cloumn. 1 ｜ 興趣

　　我喜歡的：你可以回想，自己在做什麼事情時，你會進入全神貫注的狀態，並專注在某一件事上，達到渾然忘我的「心流」境界。

　　忘時：當你做一件事情已經過了三、四個小時，但是感覺只過了半個小時的身心狀態。例如：你在追劇時，一連追了好幾集影片，卻感覺時間才過去一下子。

　　忘我：當你做一件事情時，已經進入渾然忘我的心流境界，不受外界的干擾影響。例如：在電影「靈魂急轉彎」中，主角進入爵士樂隊演奏鋼琴時，進入了忘我的狀態。

　　忘成本：當你很喜歡一件事情，有新的產品上市時，只要在經濟允許的情況下，你都會買回來。例如：你很喜歡玩桌遊，當有新桌遊上市，你都會把桌遊買回家跟朋友玩。

Cloumn. 2 | 能力

☐ 我擅長的

你可以思考一下什麼事情，你做得比別人好？學習的比別人快？常常被別人稱讚？

☐ 常被求助的事情

生活當中，哪些事情你比別人厲害一些，別人常常找你幫忙？例如：你的英文特別好，別人需要跟外國人溝通或需要文章翻譯時，都會來找你求助。

☐ 常被稱讚的特質

日常生活，你有哪些特質常常被別人稱讚，第一時間會想到你。例如：你的口條清晰，組織邏輯強，遇到有主持招待工作時，常常會請你協助。

☐ 非你莫屬的資質

有哪些能力，你比別人資質高一些，這件事情非你不可。例如：在卡通「灌籃高手」當中，櫻木花道的彈跳力非常好，經過訓練後可以稱霸籃下。

Cloumn. 3 | 價值觀

☐ 我重視的

在你決定事情之前，有沒有哪一些原則，是你會優先考量的？如果不符合原則，就不會考慮。

☐ 評斷標準

當你思考事情時，有沒有哪些原則是你決定的標準？例如：工作時，會以「誠實正直」為第一考量；生活當中，會以「幫助別人」作為思考。

內在驅動

人生當中，有哪些驅動要素，會不斷的驅使著你往前邁進？例如：工作上，朝著「為夢想目標努力」，以及「跟一群人一起打拚」努力前進。

滿足需求

有哪些考量的原則，可以符合你內在小孩的底層需求？例如：考量多個工作機會時，會以可以「孝順父母」，還有「做喜歡的事」為優先選擇。

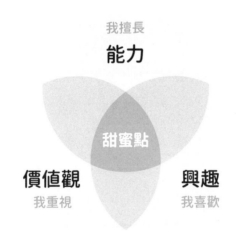

職涯甜蜜點

我們藉由以上的說明，了解什麼是興趣、能力跟價值觀，我們在選擇工作時，所要尋找的是興趣、能力跟價值觀的交集，我們稱它為職涯甜蜜點。

目標設定三要素

在目標設定時，會提到 Will-Can-Must 法則，這是由能做的事 Can，想做的事 Will，該做的事 Must 三者交集後，建立的工作動機。生活或是工作當中，要如何選擇想要做的事情，我們也可以運用能力、興趣跟價值觀來思考。

興趣 我能做，做什麼 What：我們藉由我們的興趣，評估要做什麼？哪些事情是我們的熱情、興趣所在？

能力 我想做，如何做 How：我們藉由我們會的能力專長，發想要如何去做？思考怎樣可以做到極致？

價值觀 我該做，為何做 Why：我們藉由我們的價值觀，考量為什麼要去做？判斷先後順序標準為何？

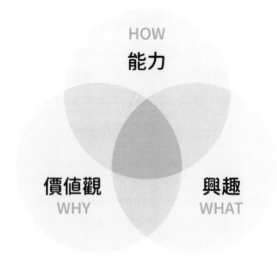

想要做的事

擁抱興趣找工作
WORK FOR YOUR PASSION

| Section 1 | **霍爾蘭職業類型**

美國約翰‧霍普金斯大學心理學教授約翰‧霍爾蘭（John Holland）提出了對社會具有廣泛影響力的職業興趣理論：霍爾蘭六邊形／何倫碼（Holland Hexagon / Holland Codes），又名霍爾蘭職業類型論，這個理論主要用於生涯規劃，備受全球大專院校的認可。他認為人的人格類型跟興趣與職業密不可分，只有深入發覺人的內在興趣和熱情，找到與興趣融合的職業，才能提高人們的工作潛能。

霍爾蘭職業類型論把人格分為六種類型：實用型 R（Realistic）、研究型 I（Investigative）、藝術型 A（Artistic）、社會型 S（Social）、企業型 E（Enterprising）、事務型 C（Conventional）。統稱興趣代碼六碼分別是 RIASEC 六碼。

Holland 六碼說明

何倫碼六碼說明

實用型 R：它的代表職業是工程師，它的特質表現是動手操作的技術者 Doers。

研究型 I：它的代表職業是科學家，它的特質表現是動腦思考的思考者 Thinkers。

藝術型 A：它的代表職業是藝術家，它的特質表現是從無到有的創新者 Creators。

社會型 S：它的代表職業是教育家，它的特質表現是人際互動的助人者 Helpers。

企業型 E：它的代表職業是經理人，它的特質表現是開創發展的說服者 Persuaders。

事務型 C：它的代表職業是會計師，它的特質表現是規章行事的執行者 Organizers。

何倫碼探索未來

興趣代碼六碼的第一碼稱為大六碼、第二碼稱為小六碼。第一碼是主要興趣，第二碼是工作風格。

例如：第一碼 R 下面會有第二碼 RIASEC 六種組合，第一碼 I 下面會有第二碼 RIASEC 六種組合，所以兩碼一共會有 36 種組合，我們稱為興趣光譜。

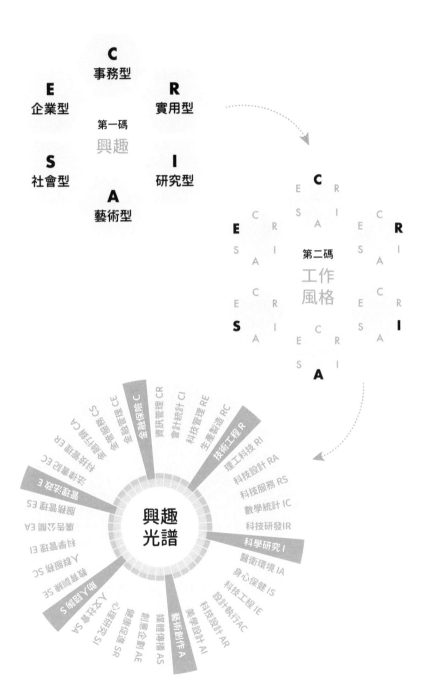

以下分別說明小六碼⁽⁷⁾分別代表的興趣類別。

以下分別說明小六碼[7]分別代表的興趣類別。

小六碼：R 型	興趣類別
R	技術工程
RI	理工科技
RA	科技設計
RS	科技服務
RE	科技管理
RC	生產製造

小六碼：I 型	興趣類別
IR	科技研發
I	科學研究
IA	醫衛環境
IS	身心保健
IE	科技工程
IC	數學統計

小六碼：A 型	興趣類別
AR	科技設計
AI	美學設計
A	藝術創作
AS	媒體傳播
AE	創意企劃
AC	設計執行

小六碼：S 型	興趣類別
SR	健康促進
SI	心理研究
SA	人文社會
S	助人諮詢
SE	教育訓練
SC	人群服務

小六碼：E 型	興趣類別	小六碼：E 型	興趣類別
ER	科技管理	ES	服務管理
EI	科學管理	E	管理法政
EA	廣告公關	EC	法律書記

小六碼：C 型	興趣類別	小六碼：C 型	興趣類別
CR	資訊管理	CS	金管服務
CI	會計統計	CE	金融管理
CA	金融行銷	C	金融保險

Cloumn. 2 運用興趣光譜找工作

　　如果你是在校學生，可以利用興趣代碼中前兩碼來探索科系。例如：資訊學群是 IR、建築設計學群是 AR、社會心理學群是 AS、法政學群是 SE、財金學群是 EC 等。

　　如果你想轉換工作，可以利用興趣代碼中前三碼來尋找職務。例如：土木技師是 RIC、市調人員是 ICE、商業設計是 ARE、導遊領隊是 SEA、行銷企劃人員是 EAC、會計師是 CEI 等。

　　我們可以藉由測驗、牌卡、UACN[8] 等相關工具，了解我們個人的何倫碼六碼，未來選擇職業時，可以找到更合適自己的工作。

註7：參考大考中心興趣量表。

註8：大專校院就業職能平台－UCAN 系統（https://ucan.moe.edu.tw），結合職業興趣探索及職能診斷，主要功能包含職業查詢、職業興趣探索、職場共通職能診斷、專業職能診斷、能力養成計畫、診斷諮詢服務。

能力價值做篩選

CHOOSE JOBS BASED ON ABILITY AND VALUE

> Section 1　**共通專業職能**

　　根據 UCAN 系統的定義，工作的能力分為共通職能跟專業職能兩個部分。

Cloumn. 1　共通職能

　　共通職能包括了：溝通表達、持續學習、人際互動、團隊合作、問題解決、創新、工作責任及紀律、資訊科技應用等八項。共通職能是不管哪一種工作，都會運用到的能力。

Cloumn. 2　專業職能

　　專業職能會根據不同的職業類別，而有相對應的專業職能。UCAN 系統彙整了各種職業類型所需的工作職能，例如：「資訊科技」類型當中的「軟體開發及程式設計」工作所須的八種職能[9]，如果我們想要進去這個專業領域，先要檢視自己是否具備這些職能項目？

　① 確認軟體開發或程式設計需求。

　② 依據專案之需求進行系統分析。

③ 依據專案之需求進行系統設計。

④ 進行程式開發及撰寫。

⑤ 測試程式以確認符合品質要求。

⑥ 執行系統導入。

⑦ 撰寫技術文件及使用手冊。

⑧ 提供產品維護與客戶支援服務。

有意義的人生

　　興趣跟能力可以藉由後天培養，而價值觀是興趣、能力跟價值觀三者中比較不會改變的。當你選擇工作時，你的思考要素，可能是公司名聲、薪水高低、組織文化、工作成就、升遷機會等價值觀。

　　艾莉森‧路易斯（Allyson Lewis）的《走吧！去做你真正渴望的事：創造有意義人生的七分鐘微行動》一書當中提到了：「什麼是你人生中最重要的事情？」你的每一個選擇，將會決定你會成為什麼樣的人，體驗什麼樣的生活。作者提出了七十五項價值觀，其中包括了：愛、成就、友誼、快樂、自由、安全感及熱情等價值觀。我們可以從這些價值觀當中選出十個在我們生命當中，覺得重要的價值觀；而這些價值觀，就是我們未來在抉擇事情時的北極星指引。

　　當你有多個符合喜歡跟擅長的工作需要做抉擇時，我們可以做一個二維矩陣作為思考的依據，垂直軸是十個你所列出來的價值觀，水平軸是多個你所要抉擇的工作，根據不同的工作去思考這十個價值觀是否可以在工作當中實現？如果可以則打勾，不可以則空

白，當多個工作的十個價值觀都確認過後，統計哪一個工作最能符合你的價值觀？

序號	價值觀	軟體工程師	專案管理師	半導體工程師
01	傑出 / 卓越	V	V	V
02	智慧	V	V	V
03	充分發揮潛力	V	V	V
04	創造力	V	V	
05	名留青史	V		
06	知識	V	V	V
07	自由	V	V	
08	進步	V	V	V
09	專業知識	V	V	V
10	創造改變	V	V	
	總計	10	9	6

選擇工作三問

在前面「7-2：能力興趣價值觀」（P.197）中提到了興趣、能力跟價值觀。當我們在選擇工作時，可以運用三個問題詢問這個工作適不適合自己？

興趣 我喜歡的：這個工作符不符合我的興趣？我的興趣三碼跟工作是否吻合？

能力 我擅長的：這個工作符不符合我的能力？我的能力是否可以發揮到極致？

價值觀 我重視的：這個工作符不符合我的價值觀？是否能滿足我的價值需求？

透過是否是自己喜歡的工作、是否是自己擅長的工作、是否是自己重視的工作三個層次的篩選，找出最合適自己的工作，以下為選擇工作三問。

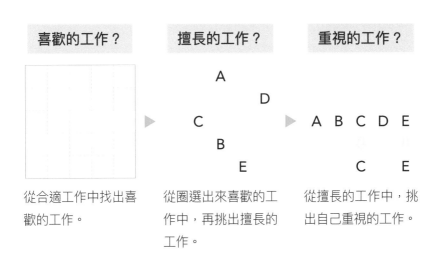

喜歡的工作？

從合適工作中找出喜歡的工作。

擅長的工作？

A
D
C
B
E

從圈選出來喜歡的工作中，再挑出擅長的工作。

重視的工作？

A B C D E
C E

從擅長的工作中，挑出自己重視的工作。

註 9：資料來源為 UCAN 網站資料。

產業公司選職務

KNOW THE FUTURE OF INDUSTRIES

產業公司與職務

在前面「7-1：知己知彼做抉擇」（**P.194**）中提到了知彼包括產業、公司與職務三個部分。

產業

運用模式：尋找產業趨勢、分析產業願景、未來發展趨勢。

思考方向：這個產業未來的趨勢為何？這個產業是否是夕陽產業？這個產業有哪些具有競爭力的公司？

公司

運用模式：拜訪官方網站、了解組織架構及公司前景方向。

思考方向：這家企業組織架構如何運作？這家企業有哪些競爭對手？這家企業上下游供應鏈是否完整？

職務

運用模式：查看人力銀行、了解職務內容及所須專業知識。

思考方向：這個職務的工作說明書內容為何？你的能力、興趣、價值觀是否吻合這個職務的相關要求？

產業、公司、職務

未來趨勢看產業

世界趨勢

AI 人工智慧、Big Data 大數據、Cloud 雲端、IoT 物聯網、5G 等
世界趨勢，持續帶領我們朝更好的生活前進。你所要應徵的產
業是否跟著時代的趨勢一起成長？

永續發展

為了追求永續發展的經濟模式，發展出了智慧機械、綠能科技、
生醫產業、新興農業及循環經濟等新興產業。你所要應徵的產
業與公司是否身處其中？

產業前景

後疫情時代、零接觸經濟，企業數位轉型促使產業不斷迭代，
你所要應徵的產業是否也在持續轉型？商業模式是否也隨之調
整？企業流程是否繼續調整更新？

企業五管看公司

　　我們可以從公司對外的公開網站、公司每季對外公布的財報數據、公司對外公開資訊等相關內容，觀察公司的營運績效。在企業管理當中有五個面向的管理方式：生產、行銷、人資、研發、財務。

生產

公司是否擁有廠房跟生產線？對外的主打產品或服務為何？

行銷

公司產品或服務的目標客群是誰？對外如何行銷公司產品？

人資

公司人員流動性是否正常？公司高層主管是否近期有異動？

研發

公司的產品是自主研發的嗎？是否定期會有商品更新調整？

財務

公司近三年財務狀況為何？公司財報是否異常？是否盈餘？

	財務	
研發	生產	行銷
	人資	

企業五管

人力銀行看職務

　　我們可以從各家人力銀行網站當中，查詢公司行號刊登要尋找職缺的工作內容跟條件要求，了解這個職缺所須的職務需求。我們可以從以下這幾個人力銀行找尋我們想要尋找的工作：104（https://www.104.com.tw/jobs/main/）、1111（https://www.1111.com.tw/）、Indeed（https://tw.indeed.com/）、CareerJet（https://www.careerjet.com.tw/）

　　透過公司描述的職務說明，我們可以對照過去經驗、能力、證照是否有相對應經驗，可以勝任這一個職位的工作內容。

104 官網　　　　1111 官網　　　　Indeed 官網　　　CareerJet 官網
QRcode　　　　 QRcode　　　　　 QRcode　　　　　QRcode

移轉能力需培養
BUILD YOUR TRANSFERABLE ABILITY

Section 1 **抉擇目標盤落差**

前面五個小節中，我們談到了生涯規劃四個要素中的知己跟知彼，知己包括興趣、能力跟價值觀；知彼包括產業、公司與職務。

在知己、知彼之後是抉擇跟目標兩個要素，透過各家人力銀行的職務說明，我們了解每個工作所須的能力要求與專業知識，讓我們可以選擇符合職涯甜蜜點的工作職務。當我們有兩個工作需要抉擇時，我們可以運用「2-3：雙值分析做抉擇」（P.57）中分享的方法來思考。

Cloumn. 1 盤點現況與目標的落差

在「7-1：知己知彼做抉擇」（P.194）中我們提到了小志的案例，在知己知彼之後，他更了解自己想要從電機產業轉換到資訊產業。

接下來抉擇跟目標，就要盤點現況與目標的落差有哪一些？有哪些能力需要補齊？從原本工作可以直接移轉到新工作當中的能力稱為可移轉能力，包括了共通職能跟專業職能，新工作所須的能力不能從原工作移轉到新工作，或是目前不具備的能力，就要重新培養；這些能力，除了「7-4：能力價值做篩選」（P.206）提到的工作

的能力分為共通職能跟專業職能兩個部分之外，如果我們未來要朝管理階層發展，就要培養管理職能。

共通職能

晤談過程當中，小志有提到，大學開始主動學習程式語言，符合持續學習與資訊科技應用兩項。

專業職能

大學電機背景，過去學習過 c++ 跟 python 程式語言，但機器人領域缺乏專業知識與能力。

管理職能

短期一、兩年內，尚且不需要帶領團隊，管理職能未來可以慢慢培養。

Section 2 移轉能力需培養

移轉能力的培養，除了學校教育之外，還可以到外部教育機構上課或是透過自修方式進行，在抉擇過程當中，可以透過盤點自我，檢視自己未來需要培養哪些能力。

語言能力

例如：TOEIC 多益、TOFEL 托福、GEPT、TOPIK 以及 JLPT 的 N1、N2、N3 等。

專業證照

例如：Google Analytics、會計事務技術士、導遊人員執業證、高考律師等。

擅長工具

例如：Microsoft Office、Premiere、Photoshop、Illustrator、中打、英打等。

所須技能

例如：提案簡報規劃、社群媒體經營、程式設計、專案管理、市場調查分析等。

Cloumn. 1 釐清現狀並展開行動

以小志的案例來説，未來的工作有許多時間需要看原文資料，跟國外工程師對話，所以在語言能力上 TOEIC 多益目標要考上 600 分以上的成績，在擅長工具要再多學習 Scratch 跟 ROS（Robot Operating System，機器人作業系統）；在所須技能除了已經會的程式設計，未來需要學習專案管理能力。

小志在分析過後，根據急迫性跟重要性，先以 ROS 學習為優先，再以 TOEIC 次之。

我們在抉擇的過程當中，也可以根據「第三章：閱讀學習力」（P.83）規劃個人的學習計畫跟目標。

吸睛自傳有架構

BUILD THE STRUCTURE IN THE AUTOBIOGRAPHY

　　生涯規劃第四個要素是行動，我在畢業季前夕，會前往大專院校分享履歷自傳課程，以及健檢同學們的履歷自傳，其中發現一個共通的問題是：自傳內容有的是少少兩三百個字；有的是文不對題，自傳跟應徵職務對不上；有的是沒有凸顯個人的特色，自傳內容只是流水帳。

Section 1　**自傳段落有邏輯**

　　就讀大四即將畢業的同學，有的是有豐富的社團經驗，有的是參加學校的各類專題競賽，有的則是利用暑假或是平日課堂之餘工讀，每一位同學都有不同的特色跟專長。首先，會建議自傳可以寫 800 ～ 1000 字左右的內容，大約是一張 A4 大小。一般來說，大學生會有社團經驗及工讀經歷，所以可以將自傳分為四個段落，包括個性特質、社團經驗、工讀經歷、未來規劃等內容。

個性特質

您的個性特質，跟這個工作是否有吻合？可以適性適位？

社團競賽

社團競賽經驗，哪些共通能力或軟實力可以立即運用？

○ 工讀經歷

過去工讀經歷，有哪些技能可以在工作上快速上手？

　○ 未來規劃

未來一到兩年，你有哪些規劃可以幫助後續工作表現？

Section 2　心智圖法好聯想

　在一對一面對面履歷健檢最後，時間即將結束時，會詢問同學有沒有任何想要提問的問題，有些同學都會詢問：「不知道要如何寫自傳」、「自傳沒有任何想法」，這時候，我們可以運用「2-5：水平垂直想標語」（P.66）中的說明來發想內容。

Cloumn. 1 │ 製作主、枝幹

　例如，我們要找的工作是社群小編，我們可以在中心主題寫上「社群小編」；接下來可以在主題四周寫上四個主幹，分別是「個性特質」、「社團經驗」、「工讀經歷」、「未來規劃」；再來，如果我們有三個工讀經驗，我們可以在工讀經驗後方的三個枝幹，分別寫上三家公司的名稱。

Cloumn. 2 │ 根據主幹做聯想

　根據不同的主幹做水平聯想及垂直聯想。

　例如：您的創意發想跟文字敏銳度可以運用未來的工作上，我們可以將這個特質寫在個性特質這一個主幹。

例如：您曾在社團擔任幹部，善於團隊合作跨單位溝通協調，我們可以將這個能力寫在社團經驗這一個主幹。

例如：您曾經在學校行政單位打工，會做成效分析比較圖表，我們可以將這個經歷寫在工讀經驗這一個主幹。

例如：您現在會文字行銷能力，未來想要考取企劃相關證照，我們可以將這個計畫寫在未來規劃這一個主幹。

透過不斷水平聯想跟垂直聯想後，再將每一個主幹的關鍵字組成句子，分段寫在自傳當中，最後，再逐一潤飾微調過即可。

自傳內容發想

Section 3　自傳內容要客製

有時會遇到同學要同時應徵好幾個職務，但是不同職務所須的特質能力是不同的面向，例如：我們要應徵文字編輯跟業務人員這兩個工作，我們就要分別針對這兩個工作各寫一份履歷自傳，履歷自傳要針對應徵職務去做客製化撰寫內容。

另外，也不要應徵職務寫的是行政人員，履歷自傳內容寫的卻都是社群小編。

履歷自傳需更新
RENEW YOUR RESUME AND AUTOBIOGRAPHY

我目前是 104 職涯診所指定回答 Giver，以及 104 履歷診療室的履歷顧問，我跟許多 Giver 一樣，會在平台上協助回答一些職涯問題及在平台上進行履歷健檢。

履歷自傳就是你個人的品牌形象廣告，透過履歷自傳的撰寫，公司的人資才能了解你的獨特優勢，你可以替公司帶來哪些貢獻？透過履歷自傳的撰寫，才能進一步邀請您到公司面試。

Section 1　常見錯誤要避免

我在履歷健診時，看到許多朋友在履歷跟自傳上常常遇到一些小錯誤，以下將相關需要避免錯誤的資訊整理在下方。

應徵職務寫都可

應徵職務寫「不拘、正職、只要有能力都可以」都是錯的，須正確寫上要應徵職務名稱。

自傳圖文不相符

應徵職務跟履歷自傳描述的要是同一個職務，不要應徵行政助理，自傳卻都寫行銷經驗。

職務自傳沒訂做

不同的職務內容，需要根據不同的職務客製化自傳以及履歷，不要用一份應徵兩個不同的職務。

履歷照片不合適

照片不要用藝術照跟生活照。根據人力銀行統計，放對合適的照片，面試機會會多三倍。

時間順序無邏輯

無論是工作或學歷，建議從最近寫到最遠的工作或學校說明。學歷建議放最後兩個即可。

我的家庭寫太多

自傳不需要說明你的血型星座，也不需要說明你家中有多少人，這些都與工作沒有直接關係。

工作內容不相關

自傳說明內容與想要應徵工作的工作內容沒有相關，也沒有說明相關專長技能及相關應用。

績效成果未量化

自傳內容建議將工作成果、專案金額、年度績效、專案里程碑等，加以數據量化、呈現績效。

專業證照無相關

專業證照須與應徵職務相關性高。不要應徵軟體工程師，證照卻放上許多保險相關證照。

火星圖文加錯字

履歷自傳在送出前，建議給朋友檢查過一遍，避免火星文或是錯別字等最不該的錯誤出現。

格式轉換未確認

避免格式跑掉，使用人力銀行或是線上履歷自傳格式，給人資前請記得轉換成 PDF 格式。

Section 2	履歷自傳須更新

每一年到了年底的時候，公司主管都會針對單位員工打考績，我們除了訂定下一年的年度計畫之外，也可以重新檢視自己在工作上的表現，同時根據今年實際狀況更新在履歷自傳上面。

學歷證照須更新

今年是否學歷更上一層樓？取得新的證照？與他人差異化？

專案成就要升級

今年的專案跟以往專案相比，是否有新的成就？新的突破？

特殊表現附證明

今年公司上級是否有針對您的工作表現頒發獎狀以茲鼓勵？

未來規劃重思考

可以重新盤點思考未來一到兩年有哪些計畫？哪些新想法？

透過知己與知彼、抉擇、目標、行動職涯發展四要素的思考與沉澱，相信每個人都可以找到心目中理想的工作。

CHAPTER 8

目標管理力

MANAGEMENT BY OBJECTIVES

目標管理力 MANAGEMENT BY OBJECTIVES

夢想拼貼可視化

VISUALIZED USING VISION BOARD

Section 1　生涯規劃四要素

在做目標管理時，我最喜歡分享的一句話就是《筆記女王的手帳活用術》作者筆記女王 Ada 的金句：「把想做的事寫下來，把寫下來的事做完。」你曾經玩過夢想拼貼嗎？或者你曾經思考過五年後的你嗎？腦袋當中，是否有三年之後，生活與工作的畫面？一年後夢想要完成的計畫，想做的事情，你是否有仔細寫下來了？

　　那一個你，可能想要學習技能，累積實力。
　　那一個你，可能想要參加社團，累積人脈。
　　那一個你，可能想要當上主管，指揮調度。
　　那一個你，可能想要鍛鍊身體，維持健康。
　　那一個你，可能想要褪下一切，回歸家庭。
　　那一個你，可能想要坐上飛機，環遊世界。

Section 2　夢想拼貼實作

在玩夢想拼貼的時候，我們從雜誌上剪下的照片或者是文宣海報，找尋我們夢想中，那一個我的樣子。然後把這一些照片，根據

自己的想像，剪下每張照片需要的部分，擺放在四開海報紙上，或者是放在桌子上，再來把這些照片，拼湊成一張明信片拼貼。完成後，再將明信片拼貼護貝，放在家裡或者公司最容易看到的地方。

Cloumn. 1 夢想拼貼案例分享

我自己的夢想拼貼當中有幾個角色，分享如下：

知識分享者：傳播分享知識，強化培訓講師的廣度。

助人工作者：諮詢協助個案，內化職涯顧問的溫度。

專案管理者：執行行動計畫，轉化專案經理的深度。

機會創造者：創造連結機會，深化社團互動的厚度。

在進行夢想拼貼挑選照片時，我選擇了台大電機工程系教授葉丙成成為知識分享者的楷模；度假休閒小屋的休息室成為助人工作的一對一諮詢室；收納櫃跟書櫃區成為知識管理跟專案管理時資料收納的集散地；在草原與夥伴一起騎腳踏車成為我跟其他人創造互動機會的最佳地點。

當時的我還是一位朝九晚五的上班族，透過夢想拼貼這種方式的作法，把未來五年後的夢想可視化。

Section 3 具體明確小目標

接下來，把這一些目標，利用 SMART 原則定義具體明確的小目標，而所謂的 SMART 原則，如下。

明確性 S：目標必須是具體可行的。

　　衡量性 M：目標必須是可以衡量的。

　　達成性 A：目標必須是可以達到的。

　　相關性 R：目標必須和其他目標具有相關性。

　　時限性 T：目標必須有明確的截止期限。

　　例如：利用一年的時間（時限性 T）每週閱讀兩本書（衡量性 M），累積財務規劃相關的背景知識（達成性 A、明確性 S）。閱讀的目的是為了要了解未來如何安排財務規劃（相關性 R）。

　　最後，當你在做週計畫跟日計畫的時候，別忘了，將這一些小目標，融入 SMART 原則在你的生活目標設定當中。

時間管理三維度

THREE DIMENSIONAL ABOUT TIME MANAGEMENT

Section 1 **目標管理思考週**

　　美國常春藤名校<u>耶魯大學</u>曾經針對目標對人生的影響進行過一項長達二十五年的追蹤調查，調查的對象是一批智力、學歷、家庭背景都差不多的學生。調查者發現，在這些學生裡面：

- 3% 的人有清晰而且長期的目標，二十五年後成為各個領域的頂尖人士；
- 10% 的人有清晰但較短期的目標，二十五年後在各個領域有相當的成就；
- 60% 的人目標模糊，二十五年後生活平庸一般；
- 27% 的人沒有目標，二十五年後整天渾渾噩噩。

Cloumn. 1 訂定思考週

　　微軟共同創辦人比爾‧蓋茲（Bill Gates）每隔半年都會停下工作腳步，空出一個禮拜的時間閉關，不受外界人、事、物所打擾，並大量閱讀書籍及思考公司未來的方向，他將這個活動稱為「思考週」（Think Week）。

而我自己在每一年的年中，都會空出兩天的時間，不受外界打擾，去思考自己未來半年到一年的方向，找出自己各個面向的短期目標，也會檢視自己去年年底訂定的年度計畫，是否進行順利？哪些部分需要做調整？

時間管理三維度

在談時間管理的時候，常常會聽到一句金句：「時間花在哪裡，成就就在哪裡」。

我們的時間花在工作，就會得到薪水的收入；我們的時間花在學習，就會學到知識與技能；我們的時間花在運動，就會擁有健康的身體；我們的時間花在社交，就會結交許多的朋友。

我們每個人一天都有二十四個小時，我們要做的不是管理時間，而是要管理目標。目標不同，時間運用就會不同；當短、中、長期目標確定後，先將大目標拆解為小目標，再來才是安排所有小目標的先後順序，以及所要花費的時間。

Cloumn. 1 時間管理的方法

因為工作的關係，常常跟青年學子聊時間管理，我喜歡把時間管理拆解為高度、寬度、深度三個立體維度。

高度

五年之後的你：用五年後的你以終為始，逐步拆解完成目標。
詳見「8-3：五年之後談高度」（**P.230**）。

228

寬度

人生幸福之輪：用人生幸福輪八大面向，工作生活幸福圓滿。詳見「8-4：幸福之輪話寬度」（P.234）。

深度

一百天的力量：用一百天力量養成習慣，一點一點逐步完善。詳見「8-5：一百行動聊深度」（P.238）。

除了時間管理的高度、寬度、深度三個維度之外，在日常生活當中，我們還要善用科技的力量，例如：利用番茄時鐘專注目前工作，詳見「8-6：番茄時鐘超專注」（P.241）；利用子彈筆記整理待辦事項，詳見「8-7：子彈筆記訂計畫」（P.244）。運用這些科技，讓我們的時間管理更加方便有效率。

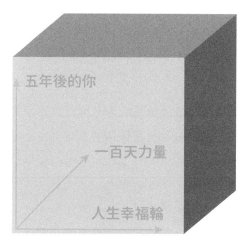

時間管理三維度

五年之後談高度
DIMENSION 1: FIVE YEARS LATER

Section 1　自我實現聊夢想

　　米老鼠創作者之一的華特‧迪士尼，他的人生夢想是：「我在創造孩子們美夢成真的一天。」他終其一生都在打造屬於孩子們的迪士尼王國。

　　夢想拼貼當中，五年後的你是什麼樣子？無論你現在幾歲，試著坐上時光機回到未來，用五年後的你跟現在的你一起面對面的話，就能找出未來目標，與自我實現的答案！

　　五年後的我，是否擁有無話不聊的另外一半？

　　五年後的我，是否擁有熱情滿滿的工作環境？

　　五年後的我，是否可以支付自己所有的開銷？

　　五年後的我，是否考取可以獨當一面的認證？

　　五年後的我，是否有工作上共同打拚的夥伴？

　　五年後的我，是否每週運動擁有健康的身體？

　　五年後的我，是否擁有定期聚會的三五好友？

　　五年後的我，有哪些話想跟現在的你聊一聊？

以終為始高效能

　　暢銷三十年的《與成功有約：高效能人士的七個習慣》一書作者史蒂芬‧柯維提到了，主動積極、以終為始、要事第一、雙贏思維、知彼解己、統合綜效、不斷更新這七個習慣。而在目標管理當中，我想要強調的是以終為始這一個習慣。

Cloumn. 1 實際案例分享

　　日本棒球選手大谷翔平在 1994 年出生於岩手縣，他在就讀高一時，立下了三個志向：「一、要成為日本第一的棒球選手；二、要投出日本最快的球速；三、要成為日本八個球隊的第一指名選手。」

　　他運用了「1-3：二階架構好應用」（P.24）當中提到的二階曼陀羅九宮格，規劃了「八個球隊第一指名」的八個子目標跟六十四個訓練事項；其中八個子目標包括了：體格、控球、球質、球速、變化球、運氣、人氣、心理。

	2012	大谷在2012年選秀當中成為火腿隊的第一指名。
	2016	在2016年十月，他投出日職最快球速紀錄165km，也是當前日籍投手的最快球速紀錄。
	2017	2017年球季過後，大谷透過入札制度（指透過公開競標的方式買斷球員）與大聯盟的洛杉磯天使隊簽約，23歲時，他就首次在美國職棒登板打球。

身體保養	喝營養補充品	前蹲舉90公斤	腳步改善	軀幹強化	身體軸心穩定	投出角度	從上把球往下壓	手腕增強
柔軟性	體格	深蹲舉130公斤	放球點穩定	控球	消除不安	放鬆	球質	用下半身
體力	擴展身體可動範圍	吃飯早三碗晚七碗	加強下半身	身體不要開掉	控制自己	放球點往前	提高球的轉速	身體活動範圍
乾脆不猶豫	不要一喜一憂	頭冷心熱	體格	控球	球質	順著軸心	強化下半身	增加體重
能因應危機	心理	不隨氣氛起舞	心理	八球隊第一選	球速	軀幹強化	球速	強化肩膀
心情不起伏	對勝利執著	體諒夥伴	人氣	運氣	變化球	擴展身體可動範圍	長傳球練習	增加用球數
感性	為人所愛	有計畫	問好	撿垃圾	打掃房間	增加拿到好球數的球種	完成指叉球	滑球的品質
為人著想	人氣	感謝	珍惜球具	運氣	對裁判的態度	緩慢有落差的曲球	變化球	對左打者的決勝球
禮儀	受人信賴	持續力	正面思考	受人支持	讀書	保持與直球相同的姿勢	從好球區跑到壞球區的控球能力	想像球的深度

大谷翔平二階九宮格

對你來說，五年後的你，夢想成為怎麼樣的人？成功對你來說，會是怎樣的一個畫面？五年後的你，有沒有哪幾個目標是你想要達成的？我們可以跟大谷翔平一樣，以終為始來訂定我們五年後的志向。

例如，五年後你想要成為一位業餘馬拉松跑者，在世界各地定期參加比賽。

第一年　和醫生聊聊了解自己的身體狀況。從健走一公里練習到慢跑五公里。

5KM　第二年　參加五公里比賽；讓身體習慣跑五公里至少一年，再慢慢挑戰十公里。

10KM　第三年　參加十公里比賽，讓你的身體慢慢習慣十公里之後再增加到半馬距離。

40KM　第四年　參加半馬跟首次全馬比賽，全馬比賽前三個月，每週至少跑四十公里。

　第五年　報名參加世界各地馬拉松比賽，循序漸進累積各種全馬賽事經驗。

目標管理力 MANAGEMENT BY OBJECTIVES

幸福之輪話寬度

DIMENSION 2: WHEEL OF HAPPINESS

Section 1　年度計畫細盤點

各位朋友在每一年年底的時候，是否有設定明年年度目標的習慣？如果今年已經過了一半，去年年底你所設下的目標，現在已經完成了多少？有多少超過你的預期目標？有多少還落後許多？

假設，各位朋友有做年度計畫的習慣，在隔一個年度，我們可以用這些細項內容，來檢視自己的目標，有沒有哪些是已經完成了，哪些事已經還差一些些，我們可以做一個檢查清單，來做確認目前的進度。

在做年度計畫的時候，我會用人生幸福輪的八個面向，來做一個統整的規劃。

Section 2　人生幸輪八面向

每一年年底，我都有設定明年年度計畫的習慣，而我所設定年度計畫的工具有兩種：一種是心智圖法，一種是曼陀羅九宮格。但不變的是我都會用人生幸福輪的八個面向來設定年度目標。這八個面向分別是家庭、工作、理財、學習、人際、健康、心靈跟休閒。

如果是用心智圖法設定年度目標，我會在這八個主幹後面分別寫下年度計畫的三個枝幹內容，用枝幹去思考下個年度，我想要做哪些目標，另外，可以用五年後的你，回推明年要完成的計畫目標。

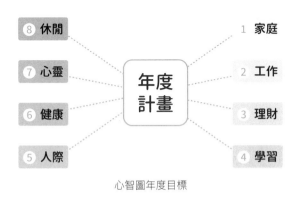

心智圖年度目標

如果是用曼陀羅九宮格設定年度目標，那我會用二階曼陀羅九宮格與八卦法思考模板，針對每個目標設定八個子目標，把下個年度想要做的目標計畫列上去。

家庭

例如：週日家庭日陪伴家人到戶外走走。

工作

例如：公司 KPI 達標，並且設定個人 OKR。

理財

例如：股票投資，年投資報酬率 5% 獲利。

學習

例如：考取一張新證照，提升個人工作能力。

人際

例如：參加一個社團組織，每月一次聚會。

健康

例如：每週至少運動兩天，每次至少 30 分鐘。

心靈

例如：每個月到寺廟或是畫畫塗鴉，淨化心靈。

休閒

例如：每個月陪家人看一場電影，或是到郊外爬山。

家庭	工作	理財
休閒	家庭 工作 理財 休閒 年度計畫 學習 心靈 健康 人際	學習
心靈	健康	人際

曼陀羅九宮格二階年度目標

Section 3　**年度計畫轉行動**

　　接下來我們可以配合子彈筆記本，將年度目標計畫的內容，轉成行動計畫。子彈筆記本一共有索引目錄、未來規劃、月計畫跟日計畫四個部分（詳見「8-7 子彈筆記訂計畫」 **P.244**）。

年

首先我們可以把年度計畫寫在未來規劃當中。

月

然後在設定月計畫時，我們可以拆解未來規劃當中的內容，變成當月可以完成的目標跟任務。然後在每天當中，完成當天最重要的三件事情。

日

我們可以設定每一週的某一天，例如週末的晚上，思考與反省哪些計畫需要調整或是追趕進度？哪些計畫是可以繼續維持下去的？

一百行動聊深度

DIMENSION 3: ACTION 100 TIMES

Section 1　養成習慣一百天

詹姆斯・克利爾（James Clear）的《原子習慣》中提到了：「每天都進步 1%，一年後，你會進步三十七倍；每天都退步 1%，一年後，你會弱化到趨近於零！」，以及「習慣的養成取決於頻率，而非時間，不是要問：『要花多久才能建立一個新習慣？』而是要問：『要花多少次，才能建立一個新習慣？』唯有透過不斷的練習，習慣才能被內化，行為才能根深蒂固。」

在我們談完了「8-3：五年之後談高度」（P.230）以及「8-4：幸福之輪話寬度」（P.234）之後，接下來，我們可以用一百行動加強習慣的深度。

案例 1

一百行動可以是一段時間完成一百天，例如，夢想：部落格專欄寫作一百天；人脈：社區義工隊服務一百天。

可能原本在第一天的時候，還寫不出內容，一百行動之後，部落格可以一次寫完一千個字。

案例 2
一百行動可以是一段時間執行一百次，例如，休閒：存百元旅遊基金一百次，健康：公園健走三公里一百次。

原本第一天的時候，只存下一百元，一百行動之後，累積下來變成一萬元旅遊基金。

案例 3
一百行動可以是一段時間練習一百件，例如，學習：一年閱讀一百本暢銷書，心靈：一年創作一百件粉彩畫。

原本第一天的時候，還不太會上色，一百行動之後，百件粉彩畫創作可以舉辦畫展。

我們透過一百天、一百次、一百件，一百行動不斷的練習，行動已經被習慣所內化，行為已經根深蒂固。當完成一百計畫的時候，別忘了給自己一個獎賞，例如：放自己一天假，到一家很想去的餐廳吃飯等。透過獎賞，讓好習慣繼續累積下去。

Section 2　**設定主題一百天**

主題一：業餘馬拉松跑者

例如，五年後的你想要成為一位業餘馬拉松跑者；幸福之輪的健康面向，你的目標是想要每週至少運動兩天，每次三十分鐘。

一剛開始，你沒有任何跑步的習慣，所以第一個一百行動，你想要做的是「公園健走三公里」，內容是每週兩次，每次健走公園四圈，每次大約四十分鐘。

在第一個一百行動進行到中期的時候，你可以加入第二個一百行動「公園慢跑三公里」，你可以把原本健走的十一、十二分速慢慢提高到十分速以內。

因為一開始與第一個一百行動並行，所以可以一週一次，等第一個一百行動完成，你可以一週進行二到三次公園慢跑。等第二個一百行動完成，你可以陸續規劃相關的一百行動，朝業餘馬拉松跑者前進。

主題二：業餘塔羅占卜師

例如，五年後的你想要成為一位業餘塔羅占卜師，在學習完塔羅相關知識、技巧後，你需要累積個案的經驗，所以你可以做的第一個一百行動是「公益塔羅諮詢服務」，內容是免費幫一百個朋友做塔羅諮詢，請他們在諮詢完成之後，給你回饋或是在個人的自媒體分享心得。

你也可以根據「8-3：五年之後談高度」（P.230）及「8-4：幸福之輪話寬度」（P.234）中的內容去思考你的一百行動計畫。此外，也可以下載倒數日手機 APP，紀錄目前一百天行動進行到第幾天。

番茄時鐘超專注
FOCUS USING POMODORO TECHNIQUE

Section　1　**番茄時鐘兩重點**

在我們的生活當中，有兩種干擾，一種是內部干擾、一種是外部干擾。

內部干擾

例如：工作時，常常會想到午餐要吃哪一家餐廳；休息時，想要馬上更新最新的動態訊息在臉書上、Line 上面還有多少訊息還沒有回覆。

外部干擾

例如：專案工作進行到一半，公司同事要跟你討論手上專案後續的工作內容；或者是，臨時有電話打進來，切斷進行當中的工作。

這時候，我們可以運用番茄工作法來處理干擾的事情，不管是內部干擾或是外部干擾，我們可以在工作表當中做記號。如果是外部干擾，不緊急時，可以告知對方晚一點回覆；等待目前的蕃茄鐘完成後，評估事情的輕重緩急，重新訂定計畫，決定要在哪一個時段來處理相關需求。

番茄鐘的重點

番茄鐘有兩個重點：

① 番茄鐘不可以打斷：一個番茄鐘 25 分鐘，要全部拿來工作、學習或是運動。如果番茄鐘被澈底中斷，就要作廢重新計算。

② 番茄鐘不可以分割：沒有 1/2 個或 1/4 個番茄鐘，計算使用番茄鐘數量時，最小的單位就是一個番茄鐘 25 分鐘。

檢視所須番茄鐘數量

在工作表當中，會依照優先順序列出今天要做的事項，並預先為每項任務規劃需要多少個番茄鐘才能完成。每完成一個 25 分鐘的番茄時鐘，會休息五分鐘，讓頭腦消化吸收剛才 25 分鐘的工作內容。每做完四個番茄鐘，要進行一次 15 到 30 分鐘的長休息。

我們可以預測每個工作事項所花費的番茄鐘數量，如果超過五個番茄鐘，就要拆成幾個小事項，如果不到一個番茄鐘，就把好幾件事情湊成一個蕃茄鐘。當一整天結束之後，我們可以從表格或 APP 當中，看到自己今天使用了多少個番茄鐘，藉此檢視自己的狀態。

Section 2　番茄時鐘好工具

我們可以在手機上下載潮汐、專注森林兩個 APP 來協助我們完成番茄鐘工作法。

在專注森林 APP 當中會自動紀錄時間歷程，每專注 25 分鐘會長出一顆樹出來，我們可以用標籤標注這 25 分鐘是花在工作、學習、社交、運動還是其他項目上。工作時，我會帶起耳機，打開專注森林 APP，裡面會播放流水聲跟森林鳥叫的音樂，可以專心在當下的工作，避免內部的干擾。一天過後，可以從專注森林 APP 的時間歷程跟每日總覽功能裡，看出今天總共種植了多少棵樹，以及一整天運用時間的狀況跟成果。

潮汐 APP 可以用在幫助我們改善睡眠、減壓放鬆、練習冥想、調節情緒或是提升專注力；專注模式下，系統會預設 25 分鐘番茄時鐘，但可以依據個人需求做調整；我們可以使用專注標籤標注時間運用在工作、學習、閱讀、冥想或是運動上面；場景音樂方面，有海洋、雨天、冥想、森林、篝火等音樂可以選擇。

以我個人的經驗而言，當做完學校一對一的職涯諮詢時，三天內需要撰寫紀錄表回繳單位，這時候，我會訂定一個同學的紀錄表要在兩個番茄鐘內完成，如果第二個番茄鐘的時間還沒有到，而報告差不多完成了，我會利用剩下的時間，重新看過紀錄表是否有需要再加強的部分，重新調整補強。

子彈筆記訂計畫
MAKE PLANS WITH BULLET JOURNAL

Section 1　子彈筆記說由來

　　子彈筆記發明人是美國人：瑞德‧卡洛（Ryder Carroll）。他自己本身患有「ADD（Attention Deficit Disorder） 注意力缺失症」，為了適應學校的生活，吃了很多的苦。因為在學習時注意力無法集中，為了解決學習障礙這個問題，他把所有的想法和任務，都條列式寫在一本筆記本當中，方便共同管理，成為可以一目瞭然的筆記方式。

　　子彈筆記本的子彈（Bullet），是指條列記事前面，加上一個圓點符號（‧）「Bullet Point」，後來大家稱這種筆記方式為子彈筆記。近幾年來，子彈筆記（Bullet Journal）開始廣為眾人所知。

Section 2　子彈筆記四架構

　　子彈筆記有四個基本架構，這四個架構分別是索引目錄、未來規劃、月計畫表、日計畫表。

索引目錄

說明：子彈筆記本的第一頁到第四頁，設定為索引目錄。

功能：相同主題的頁數散布在整本筆記本當中，有了索引目錄，就可以迅速找到想要的資料。

未來規劃

說明：未來規劃是記錄半年份的預定行程。

功能：子彈筆記本的第五頁到第八頁，在跨頁的兩頁，各別畫出兩條橫線，將頁面區分成上、中、下三個區塊，這樣兩頁一共有六個區塊，可以規劃未來半年的計畫。

月計畫表

說明：月計畫表是每個月的預定行程紀錄表。

功能：作法是左頁是月曆表，標注當月的日期，從每月一號到三十一號。右頁是任務清單，條列式記下當月的各項任務。

日計畫表

說明：日計畫表是子彈筆記最重要的部分，每天記錄篇幅沒有限制。

功能：功能是記錄每天的任務管理。作法上，首先寫下新的一天的日期跟頁碼，再以條列式記錄當天的預定行程、任務清單、創意發想等內容。

Cloumn. 1 | 子彈筆記的好處

　　子彈筆記的好處是只要用筆記本跟紙就可以管理你的生活。

舉凡每日筆記、行銷企劃、待辦清單、備忘錄等，都可以用條列式的方式記錄在一本筆記本裡面，以一天為單位，幫助你專注在有意義的事上。

Section 3 **子彈筆記數位化**

　　我們在「5-3：數位筆記工作術」（P.146）中，介紹了 Evernote 的應用，我們可以將紙本的子彈筆記改寫到數位版的 Evernote 上。我們可以建立一個當年的子彈筆記記事本，根據「4-5：檔案目錄細命名」（P.126）命名規則調整如下：

01 索引目錄

可以善用 Evernote 當中建立目錄的功能。

02 未來規劃

例如：02 未來規劃 01，02 未來規劃 02。

03 月計畫表

例如：03 月計畫表 _202201，03 月計畫表 _202202。

04 日計畫表

例如：04 日計畫表 _20220101，04 日計畫表 _20220102。

　　系統就會根據命名規則在記事本當中自動排序，找資料時就可以迅速找到對應的資料。

職涯地圖思願景
VISION THINKING USING CAREER MAP

職涯地圖看未來

我們從職涯發展圖上看，並不是只有基層人員、基層主管、中階主管、高階主管一路往上升的經營管理路線；另外，還有從助理工程師、工程師、高級工程師、資深工程師的技術精進路線；或是轉換到類似職務；或是跨領域產業工作的水平轉換路線。

Cloumn. 1 軟體工程師的職涯發展圖

首先，聊聊軟體工程師的職涯發展圖，在工作三、五年後晉升為資深軟體工程師；過了幾年後，可以朝經營管理路線晉升為帶領小團隊的副理，也可以朝技術精進路線的技術副理前進，以鑽研技術。

再過幾年，可以朝帶領部門團隊的部門經理、協理晉升，也可以朝跨部門溝通和協調專案的專案經理、副總特助前進。

歷經單一部門磨練成長後，可以根據個人工作需求水平轉換到其他資訊相關部門，例如 ERP 部門、BI 商業智慧部門，也可以轉換到後端機房擔任 SA 系統工程師或是 DBA 資料庫工程師。

　　再來，聊聊行銷企劃人員的職涯發展圖，由行銷企劃人員水平轉換到媒體公關再到品牌宣傳；由行銷企劃人員、媒體公關再到廣告企劃人員、廣告企劃主管；由行銷企劃人員轉換到產品企劃人員跟產品企劃主管；由行銷企劃人員轉換到業務人員跟業務主管；由行銷企劃人員轉換到記者編輯或是市場分析。

　　職涯抉擇過程就好像是樹狀圖，現在在樹根的位置，未來各種可能就像是茂盛的樹枝，每一個人可以根據個人的能力、興趣、價值觀等面向，以及經營管理、技術精進、水平轉換三種路線，選擇個人未來職涯的發展目標。

Section 2　職涯地圖三維度

　　在「第七章：職涯規劃力」（P.193）中提到了職涯規劃的思考架構：從知己、知彼，抉擇，目標到行動。

　　職涯規劃的本質是自我定位，職涯規劃的過程是認識自我，職涯規劃的結果是適才適所。在這一小節，我們再加上「第八章：目標管理力」（P.223）的高度、寬度、深度三個立體維度思考邏輯，思考未來的職涯地圖。

高度　經營管理

由做事晉升到對人，向管理方向前進。

寬度　水平轉換

橫跨不同職務領域，從不同面向鍛鍊。

深度　精進技術

鑽研技術不斷精進，朝專業達人歷練。

Cloumn. 1｜三維度思考未來職涯地圖

透過職涯發展圖，思考十年後的你，是一個經營管理的高階藍領、水平轉換的跨界菁英還是精進技術的專業達人？

高度　使命願景

思考五年後的你，有哪些使命願景讓你看見未來？勇往直前。

寬度　價值信念

思考五年後的你，有哪些價值信念一直支持著你？堅持價值。

深度　能力培養

思考五年後的你，有哪些能力需要從現在培養起？以終為始。

職涯發展圖不是只有單一方案可以選擇，隨時保持彈性；朝五年之後以終為始逐步前進，以幸福之輪圓滿不同面向的你，用刻意練習每天精進不斷突破。

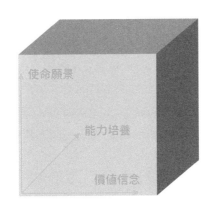

問與答

QUESTIONS AND ANSWERS

01 **QUESTIONS** 為何整理曼陀羅時使用方格筆記本，整理心智圖時使用空白筆記本？

曼陀羅思考就好像將大腦格式化一樣，透過方格筆記本輸出大腦的想法。

心智圖法有運用到右腦的圖像跟色彩，透過空白筆記本揮灑創意與想像。

02 **QUESTIONS** 同樣一場演講，兩個人做出來的筆記，不大相同，是正確的嗎？

每一個人的成長背景不同，專業知識不同，先備知識也不一樣，因此抓取的重點會不相同，所以做出來的筆記也會有所差異。每個人做出來的筆記，主要是給自己回憶用，自己看得懂最重要。

03 **QUESTIONS** 請問 Notion 與 Evernote 哪一個軟體適合我？

可以根據兩個軟體的差異性，選取適合自己的工具。

❶ Notion 為英文版，Evernote 為中文版。

❷ Notion 與 Evernote 都有 Web Clipper 功能。

❸ Notion 支援從 Evernote 匯入；Evernote 不支援從 Notion 匯入。

❹ Notion 有資料庫與 Filter 功能；Evernote 有記事、標籤搜尋功能。

❺ 免費版上傳檔案 Notion 單一頁為 5MB；Evernote 單一記事為 25MB。

04
QUESTIONS

請問協會有許多的企劃書,該如何做好分類?

❶ 發想:先用便利貼整理企劃書主題。

❷ 整理:將相近主題放在同一類下面。

❸ 分類:運用 MECE 原則分類,最多九類。

❹ 命名:運用屬性命名法 1 ～ 9 命名。

05
QUESTIONS

請問主題閱讀時,書籍越買越多,該如何歸納整理?

❶ 主題性:根據主題閱讀的主題分類,同一類放在同一區。

❷ 好拿放:同一區八分放滿,左低右高,上輕下重好拿取。

❸ 斷捨離:當書籍過於老舊,或是內容已經不具吸引價值。
   a. 送給合適人選;b. 二手商店販賣;c. 紙類回收處理。

06
QUESTIONS

請問專案管理有辦法用在業務人員的行程管理以及建立客戶關係嗎?

可以,專案管理當中有時間管理跟利害關係人管理。

行程管理是時間管理一部分,可以運用 Trello 或是 Kanban 做好行程管理;建立關係是利害關係人管理,可以運用 Evernote 做名片管理跟客戶分類。

07
QUESTIONS

請問不是大學生也可以使用 UCAN 做測驗嗎?

可以,除了大學生外,UCAN 也提供待業者與在職者兩個身分可以申請帳號。此外,專業職能查詢、共通職能查詢、職業查詢等功能不需要帳號也可使用。

UCAN 保留四次紀錄可供查看,可以相互比較,非常方便。

個人職場品牌打造術

Personal brand building in workplace

八堂職場技能提升實務應用

8 application classes for skill improvement in workplace

書　　　名　個人職場品牌打造術：
　　　　　　八堂職場技能提升實務應用
作　　　者　林易璁
總 企 劃　盧美娜
主　　　編　譽緻國際美學企業社・莊旻嬑
美　　　編　譽緻國際美學企業社・羅光宇
封 面 設 計　洪瑞伯

發 行 人　程顯灝
總 編 輯　盧美娜
發 行 部　侯莉莉、陳美齡
財 務 部　許麗娟
印　　　務　許丁財
法 律 顧 問　樸泰國際法律事務所許家華律師

藝 文 空 間　三友藝文複合空間
地　　　址　106 台北市安和路 2 段 213 號 9 樓
電　　　話　（02）2377-1163

出 版 者　四塊玉文創有限公司
總 代 理　三友圖書有限公司
地　　　址　106 台北市安和路 2 段 213 號 4 樓
電　　　話　（02）2377-4155
傳　　　真　（02）2377-4355
E - m a i l　service@sanyau.com.tw
郵 政 劃 撥　05844889 三友圖書有限公司

總 經 銷　大和書報圖書股份有限公司
地　　　址　新北市新莊區五工五路 2 號
電　　　話　（02）8990-2588
傳　　　真　（02）2299-7900

初　　　版　2021 年 11 月
定　　　價　新臺幣 380 元
I S B N　978-986-5510-93-0（平裝）

國家圖書館出版品預行編目（CIP）資料

個人職場品牌打造術：八堂職場技能提升實務應
用 / 林易璁作. -- 初版. -- 臺北市：四塊玉文創有限
公司, 2021.11
　　面；　公分
　ISBN 978-986-5510-93-0(平裝)

1.職場成功法

494.35　　　　　　　　　　　110017076

三友官網

三友 Line@